北京林业大学实验林场
植物图谱

孙丰军◎编著

PLANTS
IN FORESTRY FARM
BEIJING FORESTRY UNIVERSITY

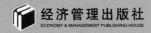

经济管理出版社

ECONOMY & MANAGEMENT PUBLISHING HOUSE

图书在版编目（CIP）数据

北京林业大学实验林场植物图谱/孙丰军编著．—北京：经济管理出版社，2019.3
ISBN 978 - 7 - 5096 - 6410 - 0

Ⅰ．①北⋯　Ⅱ．①北⋯　Ⅲ．①林场—植物—北京—图谱　Ⅳ．①Q94 - 64

中国版本图书馆 CIP 数据核字(2019)第 031653 号

组稿编辑：曹　靖
责任编辑：张巧梅
责任印制：黄章平
责任校对：张晓燕

出版发行：经济管理出版社
　　　　　（北京市海淀区北蜂窝 8 号中雅大厦 A 座 11 层　100038）
网　　址：www. E - mp. com. cn
电　　话：(010) 51915602
印　　刷：三河市延风印装有限公司
经　　销：新华书店
开　　本：787mm×1092mm/16
印　　张：51.75
字　　数：958 千字
版　　次：2019 年 6 月第 1 版　　2019 年 6 月第 1 次印刷
书　　号：ISBN 978 - 7 - 5096 - 6410 - 0
定　　价：298.00 元

《北京林业大学实验林场植物图谱》
编委会

序

北京林业大学实验林场坐落于海淀区西北部，地处太行山和燕山山脉交会处。1952 年，由北京农业大学林学系、森林专修科和河北农业大学林学系合并成立北京林学院，办学地址选在北京西山的大觉寺、响塘、秀峰寺等区域，其周边荒山、荒地划归林学院造林实习使用。1954 年，北京林学院迁至海淀区肖庄，原址作为教学实习林场。经过 65 年的建设发展，这里从原来的一片荒山发展到森林植被覆盖率达 96.4%，已经成为北京林业大学重要的教学实习科研基地，1992 年在教学实验林场的基础上成立了鹫峰森林公园，2003 年晋升为国家级森林公园。公园自 1998 年始先后被北京市政府命名为"北京青少年科普教育基地"、被中国科协命名为"全国科普教育基地"，2009 年被国家旅游局评定为国家 AAA 级旅游景区。

对于实验林场，我怀有深厚的感情。1991 年，我大学毕业后分配到实验林场工作，2017 年由于工作变动回到学校，在实验林场工作了 26 年，我把人生最美好的时光都留在了实验林场。因此，看到《北京林业大学实验林场植物图谱》书稿倍感亲切。实验林场辖区面积 765.20 公顷，森林植被覆盖率 96.4%，现共有陆地植物 121 科 447 属 955 种（包括变种、引种）。据统计，实验林场每年接待学校学生实习 8000 人次，涉及林学、水保等 20 个专业，34 门课程；接待其他兄弟高校实习师生 3000 多人次（北京建筑大学、首都师范大学、警种指挥学院、北京工业大学、北京农学院、中国石油大学）。多年来，我校许多教师在实验林场从事科研工作，承担 100 多项各类科研课题，培养了大批林业人才。此书是在实验林场工作的同事们耗费多年时间而取得的调查研究成果，对推动实验林场建设发展有着重要的意义，也为前往实验林场开展教学、科研、科普活动的广大师生提供了不可多得的资料和指南。

在阅读书稿中看到，此书内容翔实、结构严谨，其中有大量的第一手数据和照片。每种植物都有生境、外形和局部特写，并配有主要识别特征、分布地点和用途等方面的说明，可谓图文并茂。这归功于全体作者辛苦的实地调查和多年的资料积累，也凝结着全体作者多年的辛勤汗水。

　　该书的出版，必将对学校的教学实习科研产生积极的作用。同时，该书也将为国内外同行进一步认识和了解实验林场以及了解鹫峰森林公园打开一扇大门。希望随着实验林场的发展与变化，能够及时对有关资料进行调查、补充和完善，更好地为林业发展做出贡献。

王勇

2019 年 6 月

前　言

1952 年，国家高等教育院系调整，由北京农业大学林学系、森林专修科和河北农业大学林学系合并成立北京林学院，办学地点选在北京西山的大觉寺、响塘及秀峰寺等区域，其周边荒山、荒地划归林学院造林实习使用。1954 年，北京林学院迁至海淀区肖庄，原址作为教学实习林场。

经过 60 多年的经营管理，林场造林任务已全部完成，森林覆盖率已达 96.4%。林场现在的主要任务已重点转向营林抚育、病虫害防治、护林防火、教学实习、科学研究和森林旅游。为了更好地保护和科学利用林场内的森林资源和人文景观，林场 1992 年被原林业部批准成立鹫峰森林公园，2003 年晋升为国家级森林公园。同年被中国科协命名为"全国科普教育基地"。目前林场已经形成了以教学实习、科研、科普、旅游为一体的综合型实验林场。

编撰本书是为了高校教学、实习、科学研究以及开展青少年科普活动提供服务，书籍的编写汇聚了植物系统学研究及从事植物学教学工作者对物种识别的知识和经验，对鹫峰林场地区重要物种凝练出了识别要点，方便教学实习使用。本书图文并茂，内容新颖，特征明确，形象生动，具有较强的可读性和实用性。

本书以鹫峰本地野生植物为主，共收集物种 760 种，共计 2000 余张高清照片，系统地展示了林场丰富的植物多样性。本书植物系统采用最新的研究成果，蕨类植物采用了最近的 PPG 系统 PPG I（2016）A community – derived classification for extantlycophytesand ferns（The Pteridophyte Phylogeny Group，2016）进行排列，裸子植物部分按照克氏分类系统（Maarten J. M. Christen-husz，2011）进行排列，被子植物科则按日趋完备的 APGⅢ系统排列，科内树种以出现顺序排列。部分植物附有《北京植物志》《河北植物志》记载的常用别名，以便读者对照使用。花果期主要以《北京植物志》《中国植物志》等为主要依据。

前　言

　　该书的编写出版得到北京林业大学树木学教研室及国内树木学同行和植物分类爱好者的大力支持，这里一并感谢。限于编写者水平，本书的错误和疏漏之处在所难免，恳请各位专家同行不吝指正，以臻完善。

编者

2019 年 6 月

本书使用说明

1. 页眉

蔷薇科
Rosaceae

杏 *
Armeniaca vulgaris Lam.

2. 形态特征图片

3. 物种名称 ┌中文名、拉丁名
　　　　　　└科名

杏 * *Armeniaca vulgaris* Lam.
蔷薇科 Rosaceae　杏属

4. 简要说明文字

　　落叶乔木。树皮灰褐色，纵裂。多年生枝浅褐色，皮孔大而横生，一年生枝浅红褐色，具多数小皮孔。叶宽卵形或圆卵形，叶缘有圆钝单锯齿；叶柄顶端或叶片基部常有腺体。花单生；花萼紫色，花后反折；花瓣圆形或倒卵形，粉红色，具爪，雄蕊20～45，子房被短柔毛；子房上位。核果近球形，熟时白、黄或黄红色；核卵形，具龙骨状棱。花期3～4月，果期6～7月。见于鹫峰、树木园、萝芭地、塞尔峪。

页码

1. 页眉，对应科和物种名称。
2. 物种的形态特征图片。
3. 物种名称，包括所在科的中文名、拉丁名，种的中文名、拉丁名。物种拉丁名以地方保护名录中的记录为主，如果非区域收录，参照国家级志书物种名称。
4. 物种简要文字说明，包括物种的形态特征、花果期、生境、分布情况以及附注。

目　录

蕨类植物

目　录

被子植物

目 录

目 录

目　录

目　录

目 录

目 录

目 录

目录

目 录

目 录

目 录

目　录

目 录

目　录

目　录

目　录

目　录

目　录

蕨类植物

蔓出卷柏 *Selaginella davidii* Franch.
卷柏科 Selaginellaceae　卷柏属

　　草本。主茎伏地蔓生，近方形，具沟槽，无毛。营养叶二形，表面光滑，明显具白边；中叶卵状披针形，先端锐尖，基部近心形；侧叶卵状披针形，向两侧平展，边缘白色膜质，有齿。孢子囊穗生小枝顶端，四棱形；孢子叶卵圆形，边缘有细齿，具白边；仅在孢子叶穗基部的下侧有一个大孢子叶；大孢子白色，小孢子橘黄色。

　　分布于我国广大中海拔地区。生于灌丛中阴处或干旱山坡。见于寨尔峪。

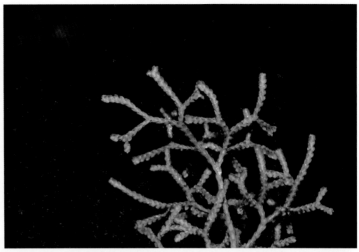

红枝卷柏 *Selaginella sanguinolenta*(L.) Spring
卷柏科 Selaginellaceae　卷柏属

多年生草本。茎圆柱形，匍匐丛生，无沟槽；下部红褐色，光滑无毛，铁丝状。主茎和侧枝背腹不扁。叶片同形，卵形，边缘有微细锯齿，背部呈龙骨状。孢子囊穗生枝顶；孢子叶宽卵形，边缘膜质，有细纤毛，无白边；大孢子浅黄色，小孢子橘红色。

广布于我国中高海拔地区。生于山坡石缝中。见于寨尔峪。

中华卷柏 *Selaginella sinensis* (Desv.) Spring
卷柏科 Selaginellaceae 卷柏属

多年生草本。茎纤细，圆柱状，光滑无毛；黄褐色，匍匐；枝互生，二叉分。叶交互排列；侧叶与中叶近同形，长圆状卵形，具白边。侧叶在枝先端呈覆瓦状排列。孢子叶穗生枝顶；孢子叶卵形，边缘具睫毛状锯齿，有白边；仅一个大孢子叶位于孢子叶穗基部的下侧；大孢子白色，小孢子橘红色。

我国特有树种，广布于我国北方中低海拔地区。生于灌丛中岩石上。见于鹫峰、金山、寨尔峪。

相似种：红枝卷柏的枝为圆柱形，中华卷柏和蔓出卷柏的枝扁平；中华卷柏的叶近同形；蔓出卷柏的叶二形，侧叶远大于中叶。

卷柏 *Selaginella tamariscina*（P. Beauv.）Spring
卷柏科 Selaginellaceae　卷柏属

多年生草本。植株丛生成莲座状，2～3次羽状分枝。叶二形，表面光滑，具白边；侧叶斜卵状钻形，外缘向下面反卷，具细微锯齿；中叶斜卵状披针形，两排排列。孢子叶穗生枝顶；孢子叶卵状三角形，边缘有细齿，具白边；大孢子浅黄色，小孢子橘黄色。

广布于我国各省中低海拔地区。生于向阳的干旱岩石缝里。见于金山、寨尔峪。

垫状卷柏 *Selaginella pulvinata*(Hook. & Grev.)Maxim.

卷柏科 Selaginellaceae　卷柏属

　　草本。呈垫状，无匍匐根状茎或游走茎。本种与卷柏极相似，区别为根散生，不聚生成短干，主茎短，分枝多而密；小枝中叶两排直向排列，形成二平行线；叶缘厚，全缘；孢子叶不具白边，边缘呈撕裂状；大孢子黄白色或深褐色，小孢子浅黄色。

　　广布于我国中高海拔地区。常生于岩石上。见于金山。

　　相似种：垫状卷柏的中叶两排直向排列；卷柏的中叶两排斜向排列。

问荆 *Equisetum arvense* L.
木贼科 Equisetaceae　木贼属

　　多年生草本。根状茎，黑棕色。地上枝二形。孢子茎褐色，早春生出，肉质，顶端着生孢子囊穗；孢子叶六角状盾形，边缘着生6~8个孢子囊；营养茎在孢子茎枯萎后长出，绿色；叶鳞片状，在节处合生成筒状的叶鞘，每节有7~11枚轮状分枝，分枝斜向上伸展，与主茎成锐角。

　　广布于我国各地平原和山区。生于田边、沟边沙质地或湿地上。见于鹫峰、金山。

团羽铁线蕨 *Adiantum capillus – junonis* Rupr.
凤尾蕨科 Pteridaceae　铁线蕨属

多年生草本。根茎短而直立，被鳞片。叶柄铁丝状，深栗色，有光泽；叶片宽披针形，一回羽状；羽片团扇形，4~8 对，具明显的柄；叶轴顶端可延伸成鞭状，着地即能生成新植株；孢子囊群 1~5 枚生于羽片边缘，为反卷的羽片所包被。

广布于我国各地。生于石缝、墙缝中。见于鹫峰。

银粉背蕨 *Aleuritopteris argentea*
（S. G. Gmel.）Fée
凤尾蕨科 Pteridaceae 粉背蕨属

多年生草本。根状茎，被鳞片。叶簇生，叶柄栗棕色，有光泽；叶片五角形，顶生羽片近菱形，侧生羽片三角形，叶片上面暗绿色，下面密布乳白色或乳黄色蜡质粉末；孢子囊群着生于叶缘的细脉顶端，为反卷的膜质叶缘所包被。

广布于全国各地。生于山坡或沟谷石缝、墙缝中。见于鹫峰、金山、寨尔峪。

蕨 *Pteridium aquilinum* var. *latiusculum*(Desv.) Underw. ex A. Heller

碗蕨科 Dennstaedtiaceae　蕨属

　　多年生草本。根状茎密，被锈黄色毛。叶具长柄，疏生；叶片阔三角形，三至四回羽裂状，全缘或下部具 1～3 对浅裂。孢子囊群线形，沿叶缘条形分布；囊群盖两层，条形，具叶缘反卷而成的假盖；孢子体四面体形，表面光滑，有时具细微突起。

　　广布于全国各地低海拔地区。生于山地或森林边缘。见于萝芭地。

溪洞碗蕨 *Dennstaedtia wilfordii*(T. Moore) Christ
碗蕨科 Dennstaedtiaceae　碗蕨属

　　多年生草本。根状茎细长，黑色并疏被棕色节状长毛。叶簇生；叶柄为红棕色而有光泽；叶薄草质，叶片矩圆状披针形，先端尾尖，二至三回羽状。孢子囊群圆形，生于末回羽片的腋中，或上侧小裂片先端；囊群盖碗形，烟斗状，淡绿色。

　　广布于我国山地地区。生于沟谷水边石缝中。见于金山。

冷蕨 *Cystopteris fragilis*(L.)Bernh.
冷蕨科 Cystopteridaceae　冷蕨属

　　多年生草本。根状茎短横走，其先端和叶柄基部被有浅褐色阔披针形鳞片。叶近生或簇生；叶柄基部褐色，向上禾秆色；叶片披针形，无毛，二回羽状；羽片10～15对，中部羽片具狭翅的短柄，基部一对羽片缩短，边缘有浅裂。孢子囊群小，圆形，背生于每小脉中部；囊群盖卵形，膜质，灰绿色。孢子深褐色，圆肾形，周壁表面有较密的刺状突起。

　　广布于我国中高海拔地区。生于山上、沟边等阴湿处。见于萝芭地。

北京铁角蕨 *Asplenium pekinense* Hance
铁角蕨科 Aspleniaceae　铁角蕨属

　　多年生草本。根状茎短而直立。叶簇生；叶柄淡绿色，疏生小鳞片；叶片披针形，厚草质，中部先端渐尖，二至三回羽状，羽轴和叶轴两侧都有狭翅，小羽片的裂片顶端有 2~3 个尖牙齿；孢子囊群条形，成熟后为深棕色，往往满铺于小羽片下面；囊群盖同形，灰白色，膜质，全缘。

　　广布于我国各地。生于山坡或沟谷石缝中。见于鹫峰、金山、寨尔峪、萝芭地。

麦秆蹄盖蕨 *Athyrium fallaciosum* Milde
蹄盖蕨科 Athyriaceae　蹄盖蕨属

　　多年生草本。根状茎横卧，斜升，密被深褐色的狭披针形的鳞片。叶簇生；叶柄基部深褐色，密被鳞片，向上较光滑，禾秆色；叶片披针形，下部渐变狭；羽片20~30对，无柄，镰刀形；中部的羽片阔披针形；基部各羽片渐缩短，最基部一对成耳形，边缘有锯齿。孢子囊群大，多为肾形或马蹄形；囊群盖大，同形，灰白色，边缘呈啮蚀状。孢子周壁有条形的褶皱。

　　广布于我国中高海拔地区。生于山谷林下或阴湿岩石缝中。见于金山。

日本蹄盖蕨 *Anisocampium niponicum*(Mett.)Y. C. Liu,W. L. Chiou & M. Kato
蹄盖蕨科 Athyriaceae　蹄盖蕨属

　　根状茎横卧，斜升，密被褐色鳞片。叶片卵状长圆形，先端急狭缩，基部阔圆形；中部先端变狭成尾状，基部阔斜形或圆形，二回羽状或三回羽裂。孢子囊群长圆形、弯钩形或马蹄形；囊群盖同形，褐色，膜质，边缘略呈啮蚀状。孢子周壁表面有明显的条状褶皱。

　　广布于我国中低海拔地区。生于低山区或平原、山坡林下湿地。见于鹫峰、金山、寨尔峪。

有柄石韦 *Pyrrosia petiolosa* (Christ) Ching

水龙骨科 Polypodiaceae　石韦属

多年生草本。根状茎细长横走，密被披针形棕色鳞片，边缘具锯齿。叶疏生，能育叶具长柄，上部无毛，下部密被棕色星状毛，基部被鳞片；叶片椭圆形，全缘，叶面灰淡棕色，有洼点，疏被星状毛，叶背被砖红色厚层星状毛。孢子囊群深棕色，成熟时布满叶片下面，无囊群盖。

广布于我国中低海拔地区。生于干旱裸露岩石上。见于鹫峰、寨尔峪。

银杏 *Ginkgo biloba* L.
银杏科 Ginkgoaceae　银杏属

　　落叶乔木。幼年及壮年树冠圆锥形，老则广卵形。叶扇形，有多数叉状并列细脉；在短枝上常具波状缺刻，在长枝上常 2 裂；叶在长枝上螺旋状散生，在短枝呈簇生状。雄球花葇荑花序状；雌球花具长梗，梗端二叉分，叉顶生一盘状珠座，胚珠着生其上。种子具长梗，下垂，常为椭圆形；外种皮肉质，熟时黄色，外被白粉，有臭味。

　　银杏为我国特产的孑遗树种。仅浙江天目山有野生植株，我国多地引种栽培。见于鹫峰、树木园、金山、寨尔峪、萝芭地。

辽东冷杉 *Abies holophylla* Maxim.
松科 Pinaceae　冷杉属

　　常绿乔木。幼树树皮淡褐色、不开裂，老则浅纵裂成条片状，呈暗褐色。一年生枝淡黄褐色，无毛，多年生枝呈灰色。叶条形，树脂道2个，中生。球果圆柱形，熟时淡黄褐色；种鳞扇状横椭圆形。种子顶端有翅，比种子长约1倍。花期4~5月，球果10月成熟。

　　原产于我国东北地区，生于气候寒冷湿润的中高海拔山地。见于萝芭地（引栽）。

华北落叶松 *Larix gmelinii* var. *principis – rupprechtii* (Mayr) Pilg.
松科 Pinaceae　落叶松属

　　落叶乔木。树皮暗灰褐色，成小块片脱落。一年生枝淡黄褐色；有长短枝之分，长枝上的叶螺旋状散生；短枝上的叶簇生。叶条形。球果卵圆形或圆柱状卵形，含种鳞 20～45枚；种鳞近五角状卵形，边缘不反卷；种子斜倒卵状椭圆形，灰白色，具褐色斑纹；种翅上部三角状。

　　我国特有树种，分布于我国华北、东北地区。生于山坡或沟谷林中，多为人工林。见于寨尔峪、萝芭地。

日本落叶松 *Larix kaempferi* (Lamb.) Carrière
松科 Pinaceae　落叶松属

　　落叶乔木。树皮暗褐色，鳞片状脱落。一年生枝淡红褐色，有白粉。叶条形。球果圆柱形，熟时黄褐色。种鳞矩圆形，46～65 枚，上部边缘波状，显著地向外反卷，背面具褐色瘤状突起和短粗毛。花期 4～5 月，球果 10 月成熟。

　　原产于日本，我国北方多地引种栽培。见于塞尔峪、萝芭地。

　　相似种：华北落叶松的一年生枝淡黄褐色，无白粉；种鳞为五角形，边缘不反卷。日本落叶松的一年生枝红褐色，有白粉。种鳞为圆形，边缘向外反卷。

华山松 *Pinus armandii* Franch.

松科 Pinaceae　松属

　　乔木。幼树树皮灰绿色，老则呈灰色。一年生枝灰绿色。针叶 5 针一束，树脂道通常 3 个；叶鞘早落。雄球花黄色，卵状圆柱形。球果圆锥状长卵圆形，成熟时褐黄色，种鳞张开，种子脱落；鳞盾近斜方形。种子黄褐色，倒卵圆形，无翅或具棱脊。

　　产于我国中高海拔山地，多地引种栽培。见于鹫峰、树木园、寨尔峪。

白皮松 *Pinus bungeana* Zucc. ex Endl.
松科 Pinaceae　松属

　　常绿乔木。树皮灰绿色或灰褐色，内皮白色，裂成不规则薄片脱落。一年生枝灰绿色，无毛。针叶 3 针一束，粗硬；叶背及腹面两侧均有气孔线，边生树脂道 6~7 个；叶鞘早落。球果卵圆形，淡黄褐色；种鳞先端厚，鳞盾近菱形，顶端有刺尖。种子灰褐色，近倒卵圆形。

　　原产于我国。生于中高海拔的山坡林中，或植于公园。见于鹫峰、树木园。

雪松 *Cedrus deodara*（Roxb. ex D. Don）G. Don

松科 Pinaceae　雪松属

常绿乔木。树皮深灰色，裂成不规则的鳞状块片。枝平展，微下垂；一年生长枝淡灰黄色，密生短绒毛，有白粉。叶在长枝上辐射伸展，短枝叶成簇生状，针形，坚硬。红褐色球果，卵圆形；次年成熟，成熟后与种子一起从中轴脱落；种鳞扇状倒三角形，鳞背密生短绒毛。种子近三角状，种翅宽大。

原产于喜马拉雅山区，我国多地有栽培。见于鹫峰、树木园。

欧洲赤松 *Pinus sylvestris* L.

松科 Pinaceae　松属

常绿乔木。树皮红褐色，裂成薄片脱落。小枝暗灰褐色。冬芽红褐色。针叶2针一束，蓝绿色，粗硬，通常扭曲，叶内树脂道边生。雌球花有短梗，向下弯垂，幼果种鳞的种脐具小尖刺。球果暗黄褐色，圆锥状卵圆形，基部对称式稍偏斜；种鳞的鳞盾扁平或三角状隆起，鳞脐小，常有尖刺。

原产于欧洲。我国东北有栽培。见于树木园。

樟子松 *Pinus sylvestris* var. *mongolica* Litv.
松科 Pinaceae　松属

常绿乔木。大树树皮厚，树干下部灰褐色，深裂成不规则的鳞状块片脱落，上部树皮黄色，裂成薄片脱落。一年生枝淡黄褐色，无毛。冬芽淡褐黄色。针叶 2 针一束，硬直，常扭曲，边生树脂道 6～11 个；叶鞘基部宿存。雌球花有短梗，淡紫褐色。球果淡褐灰色。种子黑褐色，长卵圆形，微扁。

产于我国黑龙江大兴安岭。为喜光，深根性树种。见于鹫峰、树木园、萝芭地。

油松 *Pinus tabuliformis* Carrière
松科 Pinaceae 松属

常绿乔木。树皮灰褐色，裂成不规则较厚的鳞状块片。一年生枝淡红褐色；冬芽红褐色。针叶 2 针一束，深绿色，粗硬，部分针叶有扭曲现象；叶鞘宿存。球果圆卵形，成熟后暗褐色，常宿存树上近数年之久；鳞盾肥厚，横脊显著，鳞脐凸起有尖刺；种子卵圆形淡褐色有斑纹。

我国特有树种。分布于我国北方中低海拔山区。见于鹫峰、树木园、金山、寨尔峪、萝芭地。

云杉 *Picea asperata* Mast.

松科 Pinaceae　云杉属

乔木。树皮淡灰褐色，裂成不规则鳞块脱落。小枝有短柔毛，一年生时淡褐黄色，叶枕有白粉；小枝基部宿存芽鳞的先端向外反卷。叶四棱状条形，微弯曲，先端微尖。球果圆柱状矩圆形，成熟时淡褐色；种鳞倒卵形；种子倒卵圆形；种翅淡褐色。花期 4～5 月，球果 9～10 月成熟。

我国特有树种。产于我国高海拔山区。见于树木园。

白扦 *Picea meyeri* Rehder & E. H. Wilson
松科 Pinaceae 云杉属

　　常绿乔木。树冠塔形。树皮灰褐色，裂成不规则的薄块片脱落。一年生枝黄褐色，多年生枝淡褐色；叶脱落后留有凸起的木钉状叶枕。宿存芽鳞的先端常向外反曲。叶螺旋状着生，四棱状条形，微弯曲，先端钝尖或钝，幼叶灰白色。球果矩圆状圆柱形，成熟时黄褐色，下垂；种鳞倒卵形。

　　我国特有树种。生于北方高海拔亚高山林中，多地引种栽培。见于鹫峰、金山、寨尔峪、萝芭地。

青扦 *Picea wilsonii* Mast.

松科 Pinaceae　云杉属

常绿乔木；小枝淡灰色，芽鳞紧贴小枝，不反卷；叶四棱状条形，直或微弯，先端尖，幼叶绿色。球果卵状圆柱形，成熟时淡黄色。种鳞倒卵形，鳞背露出部分无明显的槽纹，较平滑；苞鳞匙状矩圆形，先端钝圆；种子倒卵圆形，种翅倒宽披针形，淡褐色，先端圆。

我国特有树种。广布于我国高海拔山区。见于树木园、萝芭地。

相似种：白扦的小枝褐色，芽鳞先端向外反曲，叶较粗，显白色；青扦的小枝淡灰色，芽鳞不反卷，叶较细，绿色。

日本花柏[*] *Chamaecyparis pisifera*(Siebold & Zucc.) Endl.
柏科 Cupressaceae 扁柏属

  乔木。树皮红褐色，裂成薄皮脱落；树冠尖塔形；生鳞叶小枝条扁平，排成一平面。鳞叶先端锐尖，小枝上面中央之叶深绿色，下面之叶有明显的白粉。球果圆球形，熟时暗褐色；种鳞顶部中央稍凹，有凸起的小尖头；种子三角状卵圆形，有棱脊，两侧有宽翅。
  原产于日本。我国多地引种栽培。见于树木园。

侧柏 *Platycladus orientalis*(L.) Franco
柏科 Cupressaceae　侧柏属

　　常绿乔木。树皮浅灰褐色，纵裂成条片；小枝扁平，在竖直方向上排成一平面；叶鳞形，交互对生，叶背中部有腺槽。雌雄同株。雄球花雄蕊 6 对；雌球花珠鳞 4 对，仅中间两对珠鳞各有 1~2 枚胚珠；球果卵圆形，熟前肉质，蓝绿色，被白粉，熟后张开露出种子；种鳞 4 对，中部种鳞各有种子 1~2 粒；种子卵圆形。

　　原产于我国，多地引种造林。生于中低海拔阳坡林中或悬崖。见于鹫峰、树木园、萝芭地、金山、寨尔峪。

圆柏[*] *Juniperus chinensis* L.
柏科 Cupressaceae　刺柏属

常绿乔木。树皮深灰色，成条片纵裂。中幼龄树冠尖塔形，老树广圆形。生鳞叶的小枝近圆柱形或近四棱形。叶二形，幼树全为刺形叶，成株两者兼有，老树则多为鳞形叶；鳞叶近披针形，背面有微凹的腺体；刺叶披针形，有两条白粉带。雌雄稀同株。雄球花雄蕊5~7对；球果两年成熟，熟时暗褐色，被白粉。种子卵圆形，扁，有棱脊及树脂槽。

喜光树种，我国各地均有栽培。生于中性土、钙质土及微酸性土上。见于鹫峰、树木园、寨尔峪。

相似种：侧柏的小枝扁平而排成一平面，成树全为鳞叶，球果成熟后开裂；圆柏的小枝不排成平面，成树有刺叶和鳞叶，球果成熟后不开裂。

杜松 * *Juniperus rigida* Siebold & Zucc.
柏科 Cupressaceae　刺柏属

灌木或小乔木。枝条直展，形成塔形树冠；枝皮褐灰色，纵裂；小枝下垂，幼枝三棱形，无毛。叶三叶轮生，条状刺形，上面凹下成深槽，槽内有 1 条窄白粉带，下面有明显的纵脊。雄球花椭圆状；球果圆球形，成熟前紫褐色，熟时淡褐黑色，常被白粉；种子近卵圆形，有 4 条不显著的棱角。

分布于我国北方中高海拔地区。生于比较干燥的山地，可做栽培观赏树种。见于鹫峰、树木园。

叉子圆柏[*] *Juniperus sabina* L.
柏科 Cupressaceae　刺柏属

　　匍匐灌木，稀小乔木。枝皮灰褐色，裂成薄片脱落。叶二形，刺叶常生于幼树上，稀在壮龄树上与鳞叶并存。雌雄稀同株。雄球花雄蕊 5 ~ 7 对；雌球花曲垂；球果生于小枝顶端，熟前蓝绿色，熟时褐色，多少有白粉。种子常为卵圆形，微扁，有纵脊与树脂槽。

　　分布于我国西北中高海拔地区，耐旱性强。见于树木园。

龙柏[*] *Juniperus chinensis* 'Kaizuca'
柏科 Cupressaceae　刺柏属

　　为圆柏的栽培品种。树冠圆柱状或柱状塔形。枝条向上直展，常有扭转上升之势；生鳞叶的小枝近圆柱形或近四棱形。叶全为鳞形，或下部小枝间有刺形叶；鳞叶排列紧密，幼嫩时淡黄绿色，后呈翠绿色。球果蓝色，微被白粉。

　　分布于长江流域及华北各大城市庭园。见于鹫峰、树木园、寨尔峪。

铺地柏* *Juniperus procumbens*(Siebold ex Endl.) Siebold ex Miq.
柏科 Cupressaceae 刺柏属

常绿匍匐状灌木。枝延地面扩展，稍向上斜展。刺形叶 3 枚轮生，条状披针形，有两条白粉气孔带；绿色中脉仅下部明显，沿中脉有细纵槽，基部有 2 个白点。球果近球形，被白粉，成熟时黑色。种子有棱脊。

原产于日本。我国各大城市引种栽培做观赏树。见于树木园。

三尖杉[*] *Cephalotaxus fortunei* Hook.
红豆杉科 Taxaceae　三尖杉属

　　乔木。树皮红褐色，片状脱落。小枝对生，冬芽顶生；树冠广圆形。叶披针状条形，叶背气孔带白色。雄球花 8~10 聚生成头状，每一雄球花有 6~16 枚雄蕊；雌球花胚珠 3~8 枚发育成种子。种子椭圆形，假种皮成熟时红紫色，顶端有小尖头。花期 4 月，种子 8~10 月成熟。

　　我国特有树种，多地栽培种植。生于中高海拔的阔叶树、针叶树混交林中。见于鹫峰（引栽）。

矮紫杉[*] *Taxus cuspidata* var. *nana* Hort. ex Rehder

红豆杉科 Taxaceae　红豆杉属

常绿灌木，植株较矮。叶线形，直立或微弯，较紫杉密而宽，先端常突出，正面深绿色有光泽，叶背有两条灰色气孔带；主枝上的叶呈螺旋状排列；侧枝上的叶呈不规则的、断面近于"V"字形羽状排列。球花单性，雌雄异株，单生叶腋。种子坚果状，卵形或三角状卵形，微扁，赤褐色；外包假种皮红色，杯状。

原产于日本。我国北方地区多有栽培。见于树木园、寨尔峪（引栽）。

被子植物

北五味子 *Schisandra chinensis*(Turcz.) Baill.
五味子科 Schisandraceae　五味子属

　　落叶木质藤本。幼枝红褐色，老枝灰褐色，常起皱纹，片状剥落。叶膜质，宽椭圆形、卵形、倒卵形、宽倒卵形或近圆形，上部边缘具胼胝质的疏浅锯齿，近基部全缘。花两性，雄花花被片粉白色或粉红色，长圆形或椭圆状长圆形；雌花花被片和雄花相似；雌蕊群近卵圆形，子房卵圆形或卵状椭圆体形，柱头鸡冠状。聚合浆果红色，近球形或倒卵圆形，果皮具不明显腺点；种子1～2粒，淡褐色，种皮光滑。花期5～7月，果期7～10月。

　　生于海拔1200～1700米的沟谷溪旁、山坡。见于萝芭地。

北马兜铃 *Aristolochia contorta* Bge.

马兜铃科 Aristolochiaceae　马兜铃属

草质藤本。茎长达 2 米以上，无毛，干后有纵槽纹。叶纸质，卵状心形，两侧裂片圆形，两面均无毛。总状花序有花 2 ~ 8 朵或有时仅 1 朵生于叶腋；花序梗和花序轴极短或近无；花药长圆形，子房圆柱形，合蕊柱顶端 6 裂，裂片渐尖；蒴果宽倒卵形，成熟时黄绿色，由基部向上 6 瓣开裂。花期 5 ~ 7 月，果期 8 ~ 10 月。

生于海拔 500 ~ 1200 米的山坡灌丛、沟谷两旁以及林缘。见于鹫峰、树木园、萝芭地、金山、寨尔峪。

鹅掌楸[*] *Liriodendron chinense*(Hemsl.) Sargent.
木兰科 Magnoliaceae 鹅掌楸属

　　落叶乔木。小枝灰色或灰褐色。叶马褂状，近基部每边具 1 侧裂片，先端具 2 浅裂，下面苍白色。花杯状，花被片 9，外轮 3 片绿色，萼片状，向外弯垂，内两轮 6 片、直立，花期时雌蕊群超出花被之上，心皮黄绿色。聚合果，具翅的小坚果顶端钝或钝尖，具种子 1 ~ 2 颗。花期 5 月，果期 9 ~ 10 月。

　　生于海拔 900 ~ 1000 米的山地林中。见于鹫峰、树木园（引栽）。

望春玉兰 * *Magnolia biondii* Pampan.
木兰科 Magnoliaceae　木兰属

　　落叶乔木。树皮淡灰色，光滑；小枝细长，灰绿色，无毛。叶椭圆状披针形、卵状披针形，狭倒卵形或卵形，边缘干膜质，下延至叶柄，上面暗绿色，下面浅绿色。花被9，外轮3片紫红色，近狭倒卵状条形，中内两轮近匙形，白色；花丝紫色。聚合果圆柱形，蓇葖果浅褐色，近圆形，侧扁，具凸起瘤点；种子心形，外种皮鲜红色，内种皮深黑色。花期3月，果熟期9月。

　　生于海拔600～2100米的山林间。见于树木园（引栽）。

玉兰*（木兰）*Magnolia denudata* Desr.
木兰科 Magnoliaceae　木兰属

　　落叶乔木。枝广展形成宽阔的树冠。树皮深灰色，粗糙开裂；小枝稍粗壮，灰褐色。叶纸质，倒卵形、宽倒卵形或倒卵状椭圆形，基部徒长枝叶椭圆形，叶上深绿色，下面淡绿色，网脉明显。花蕾卵圆形，花先叶开放，直立，芳香；花被片9，白色；雌蕊狭卵形，具锥尖花柱。聚合果圆柱形，蓇葖果厚木质，褐色，具白色皮孔；种子心形，侧扁。花期2~3月（亦常于7~9月再开一次花），果期8~9月。
　　生于海拔500~1000米的林中。见于鹫峰、树木园、寨尔峪。

辛夷*（紫玉兰）*Magnolia liliflora* Desr.

木兰科 Magnoliaceae　木兰属

落叶灌木。常丛生，树皮灰褐色，小枝绿紫色或淡褐紫色。

叶椭圆状倒卵形或倒卵形，上面深绿色，幼嫩时疏生短柔毛，下面灰绿色，沿脉有短柔毛。花蕾卵圆形，被淡黄色绢毛；花叶同时开放，瓶形，直立于粗壮、被毛的花梗上，稍有香气；花被片 9～12，外轮 3 片萼片状，紫绿色，常早落，内两轮肉质，外面紫色或紫红色。聚合果深紫褐色，变褐色，圆柱形；成熟蓇葖果近圆球形，顶端具短喙。花期 3～4 月，果期 8～9 月。

生于海拔 300～1600 米的山坡、林缘。见于树木园。

二乔玉兰(二乔木兰) * *Magnolia soulangeana* Soul. – Bod.
木兰科 Magnoliaceae　木兰属

　　小乔木。小枝无毛。叶纸质，倒卵形，上面基部中脉常残留有毛，下面多少被柔毛，侧脉每边 7~9 条。花蕾卵圆形，花先叶开放，浅红色至深红色，花被片 6~9，外轮 3 片，花被片常较短，约为内轮长的 2/3；雄蕊花药侧向开裂，药隔伸出成短尖，雌蕊群无毛，圆柱形。蓇葖卵圆形或倒卵圆形，熟时黑色，具白色皮孔；种子深褐色，宽倒卵圆形或倒卵圆形，侧扁。花期 2~3 月，果期 9~10 月。

　　本种是玉兰与辛夷的杂交种，本种的花被片大小、形状不等，紫色或有时近白色。在园艺栽培约有 20 栽培种。见于树木园（引栽）。

宝华玉兰[*] *Magnolia zenii* Cheng

木兰科 Magnoliaceae　木兰属

　　落叶乔木。树皮灰白色，平滑。嫩枝绿色，无毛，老枝紫色，疏生皮孔。叶膜质，倒卵状长圆形或长圆形，先端宽圆具渐尖头，基部阔楔形或圆钝，上面绿色，无毛，下面淡绿色，中脉及侧脉有长弯曲毛。花蕾卵形，花先叶开放，有芳香，密被长毛；花被片9，近匙形，先端圆或稍尖，白色，背面中部以下淡紫红色，上部白色；花药两药室分开，内侧向开裂，花丝紫色，雌蕊群圆柱形。聚合果圆柱形，成熟蓇葖近圆形，有疣点状突起，顶端钝圆。花期3~4月，果期8~9月。

　　生于海拔约220米的丘陵地。见于树木园（引栽）。

蜡梅 *Chimonanthus praecox*(L.) Link.
蜡梅科 Calycanthaceae　蜡梅属

　　落叶灌木。枝条上密生皮孔。单叶对生，卵状披针形至卵状椭圆形，全缘，叶表明亮，有粗糙硬毛。花两性，单生腋生，花被片蜡质，黄色，有香气。聚合瘦果，生于椭圆形花托内。花期 11 月至翌年 3 月，果期 4～11 月。

　　野生于山东、江苏、安徽、浙江等省，现已广泛栽培。见于树木园（引栽）。

素心蜡梅[*] *Chimonanthus praecox* 'Concolor'
蜡梅科 Calycanthaceae　蜡梅属

花被片黄色，内部不染紫色条纹，花径 2.6～3 厘米，香味稍减。见于树木园（引栽）。

狗牙蜡梅 * (狗蝇腊梅) *Chimonanthus praecox* var. *intermidius* Mak.

蜡梅科 Calycanthaceae 蜡梅属

花小，香淡，花瓣狭长而尖，红心。多为实生苗或野生类型。见于树木园（引栽）。

  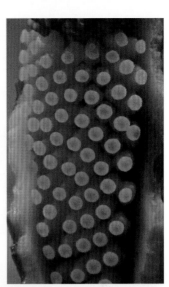

半夏 *Pinellia ternate*（Thunb.）Breit.

天南星科 Araceae　半夏属

　　多年生草本。有球形块茎。叶基生，一年生者为单叶，心状箭形至椭圆状箭形，2~3年生者为3小叶复叶，小叶卵状椭圆形；叶柄下部有1珠芽。肉穗花序，下部为雌花，上部为雄花，佛焰苞淡绿色，顶端附属体细长。浆果卵形。花期5~7月，果期8月。

　　生于村旁、水边、草丛中、山坡林下，极常见。见于鹫峰、金山、寨尔峪、萝芭地。

虎掌 *Pinellia pedatisecta* Schott.
天南星科 Araceae 半夏属

多年生草本。叶基生，一年生者心形，2～3年生者鸟足状全裂，裂片5～11，披针形。花序下部为雌花，上部为雄花。花期6～7月，果期9～11月。
我国特有。生于沟谷林下、水边，常见。见于鹫峰、金山。

天南星 *Arisaema heterophyllum* Bl.

天南星科 Araceae　天南星属

多年生草本。具块茎。叶常单 1，下部鞘筒状，鞘端斜截形；叶片鸟足状分裂；侧裂片向外渐小，排列成蝎尾状。花序柄从叶柄鞘筒内抽出，佛焰苞管部圆柱形，喉部截形；檐部卵形或卵状披针形，下弯几成盔状。肉穗花序两性和雄花序单性。单性雄花序各种花序附属器苍白色，向上细狭，至佛焰苞喉部以外"之"字形上升。浆果黄红色、红色，圆柱形。花期 4 ~ 5 月，果期 7 ~ 9 月。

生于林下、灌丛或草地。见于寨尔峪。

一把伞南星 *Arisaema erubescens* Schott.
天南星科 Araceae　天南星属

　　多年生草本。块茎扁球形；叶通常1枚，叶柄中部以下具鞘，叶片放射状分裂，裂片4～20枚，长渐尖。花序从叶柄基部伸出，单性异株；佛焰苞绿色，管部圆筒形，檐部三角状卵形，常具条形尾尖，附属器棒状。浆果熟时红色。花期5～7月，果期9月。
　　生于沟谷林下。见于金山、寨尔峪、萝芭地。

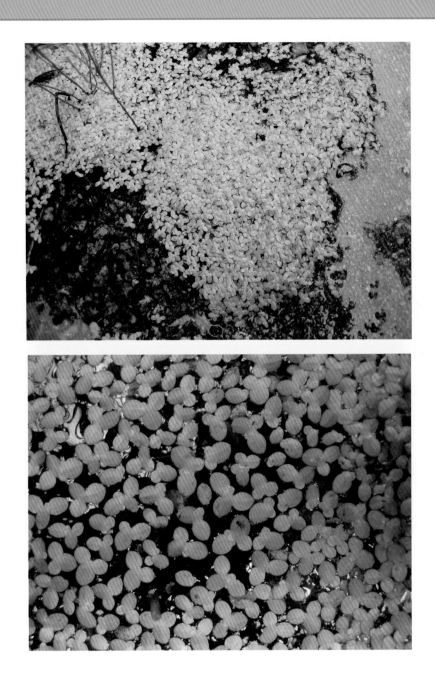

浮萍 *Lemna minor* L.

天南星科 Araceae 浮萍属

　　漂浮小草本。植株为叶状体，倒卵形或椭圆形；全缘，脉3；背面垂生丝状根1条。叶状体背面一侧具囊，新叶状体于囊内形成浮出。佛焰苞二唇形；雄蕊2枚；胚珠单生。果实翅，近陀螺状；种子具凸出胚乳和不规则脉纹。多为无性繁殖，花期7~8月，果期9~10月。

　　我国南北各省均有分布。生于池塘、水田或其他静水水域。见于鹫峰。

穿龙薯蓣 *Dioscorea nipponica* Makino

薯蓣科 Dioscoreaceae　薯蓣属

多年生草质藤本。根状茎横生，圆柱形，多分枝。茎左旋。叶互生，叶片掌状心形，边缘有不等大三角状裂。花序穗状，花黄绿色，单性，雌雄异株；花被6裂；雄蕊6枚；子房下位。蒴果3室，有3翅，熟时开裂。种子每室2枚，四周有不等的薄膜状翅。花期6~8月，果期8~10月。

生于山坡、林缘、灌丛中，常见。见于鹫峰、金山、寨尔峪、萝芭地。

藜芦科
Melanthiaceae

藜芦 *Veratrum nigrum* L.
藜芦科 Melanthiaceae　藜芦属

　　多年生草本。鳞茎不明显膨大；植株基部残存叶鞘撕裂成黑褐色网状纤维。叶椭圆形至矩圆状披针形。顶生圆锥花序，主轴至花梗密生丛卷毛，生于主轴上的花常为两性，余则为雄性；花被片6，黑紫色至暗红色，椭圆形至倒卵状椭圆；雄蕊6，花药肾形；子房长宽约相等，花柱3。蒴果三棱状。

　　产于各区山地。生于山坡林下、亚高山草甸。见于萝芭地。

有斑百合 *Lilium concolor.* var. *pulchellum*(Fisch.) Regel.
百合科 Liliaceae　百合属

　　多年生草本。肉质、白色鳞茎。单叶，散生，披针形。花2~3朵顶生，花被片6，红色，直立，花药紫红色。蒴果长圆形，种子多数。花期6~7月，果期8~9月。
　　生于山坡草地、林间草地和路旁。见于萝芭地。

山丹 *Lilium pumilum* DC.

百合科 Liliaceae 百合属

多年生草本。根状茎。叶基生。总状花序顶生；花被片6，鲜红色，翻卷，花药红色。蒴果长圆形，种子多数。花期7~8月，果期9~10月。

生于山坡草地、林间草地和路旁。见于鹫峰、寨尔峪。

卷丹 *Lilium tigrinum* Ker Gawl.

百合科 Liliaceae　百合属

多年生草本。鳞茎近宽球形。叶在茎上散生，披针形，上部叶腋有珠芽。花下垂，花被片反卷，橙红色，有紫黑色斑点。花期 7~8 月，果期 8~10 月。

生于沟谷林下，民间各地常有栽培。见于萝芭地。

角盘兰 *Herminium monorchis*(L.)R. Br.
兰科 Orchidaceae　角盘兰属

　　多年生草本。块茎球形。茎下部具 2 ~ 3 枚叶，狭椭圆形。总状花序多花；花黄绿色，下垂；萼片近等长；花瓣近菱形，常 3 裂；唇瓣中部 3 裂，侧裂片三角形，较中裂片短很多。花期 6 ~ 7 月，果期 7 ~ 9 月。
　　生于亚高山草甸。见于萝芭地。

绥草 *Spiranthes sinensis*(Pers.) Ames.

兰科 Orchidaceae 绥草属

多年生草本。根簇生，肉质。茎基部生 2~4 枚叶，条状倒披针形或条形。花序顶生，具多数密生的小花，花粉紫色，偶有白色，呈螺旋状排列；苞片卵形，长渐尖；唇瓣矩圆形，淡粉色，中部之上具强烈的皱波状啮齿。花期 6~8 月，果期 7~9 月。

生于山坡林下、灌草丛中、水边、河滩草地。见于萝芭地。

野鸢尾 *Iris dichotoma* Pall.

鸢尾科 Iridaceae　鸢尾属

　　多年生直立草本。叶剑形，基生，褶合成弯刀形。花白色，花被片具紫红色和黄褐色斑。蒴果长圆柱形。花期6~8月，果期7~9月。本种外形酷似射干（Belamcanda chinensis.），但本种的根状茎较小；花蓝紫色或浅蓝色，花柱分枝花瓣状；果实长圆柱形；种子有小翅等，与射干有别。

　　生于向阳的山坡草地、石质山坡或岩石上。见于鹫峰、金山、寨尔峪、萝芭地。

马蔺 *Iris lactea* var. *chinensis*（Fisch.）Koidz.
鸢尾科 Iridaceae　鸢尾属

多年生草本。块根。单叶，互生，羽状全裂。花蓝紫色，盔形。蓇葖果，含种子多数。花期4~6月，果期5~7月。

生于山坡草地或疏林中。见于鹫峰、寨尔峪。

紫苞鸢尾 *Iris ruthenica* Ker. – Gawl.
鸢尾科 Iridaceae　鸢尾属

多年生草本。丛生状。叶线形，基生，二列。花葶从叶中抽出，较短。花蓝色，外轮花被片具白色和蓝紫色条纹。蒴果短圆柱形。花期 5 ~ 7 月，果期 6 ~ 8 月。

生于山坡草地或白桦林中。见于萝芭地。

矮紫苞鸢尾（*I. ruthenica* var. *nana* Maxim）已被归入原变种内。

德国鸢尾 *Iris germanica* L.
鸢尾科 Iridaceae　鸢尾属

　　多年生草本。根状茎粗壮。叶剑形，深绿色，基部鞘状，短于花茎。外轮花被片椭倒卵形，内面中下部具黄色须毛；内轮花被片倒卵形或圆形，基部具柄，与外轮花被片等大；花柱分枝顶端裂片宽三角形或半圆形，有锯齿。蒴果三棱状圆柱形，无喙。花期4～5月，果期6～8月。
　　我国各地庭园常见栽培。本种为著名的花卉，品种甚多。见于鹫峰。

黄花菜 *Hemerocallis citrina* Baroni.
黄脂木科 Xanthorrhoeaceae　萱草属

　　多年生草本。根状茎。叶基生。总状花序顶生。花被片6，黄色。蒴果椭圆形。花期6~7月，果期8~9月。

　　生于山坡草地和林间草地。见于寨尔峪。

萱草 *Hemerocallis fulva* L.
黄脂木科 Xanthorrhoeaceae　萱草属

多年生草本。根茎肉质，中下部有纺锤状膨大。叶一般较宽。早上开花晚上凋谢，无香味，橘红色至橘黄色，内花被裂片下部一般有"∧"形采斑。这些特征可以区别于本国产的其他种类。花果期为5~8月。

全国各地常见栽培，秦岭以南各省区有野生的。见于鹫峰、寨尔峪、萝芭地。

小黄花菜 *Hemerocallis minor* Mill.

黄脂木科 Xanthorrhoeaceae　萱草属

　　多年生草本。根绳索状。叶基生，条形。花莛稍短于叶或近等长，花序具 1～2 朵花，稀为 3 朵。蒴果椭圆形或矩圆形。花果期 5～9 月。

　　生于山坡、林缘、灌草丛中、亚高山草甸，常见。见于鹫峰、金山、萝芭地。

葱 * *Allium fistulosum* L.
石蒜科 Amaryllidaceae　葱属

鳞茎单生，圆柱状；鳞茎外皮白色，膜质，不破裂。叶圆筒状，中空，向顶端渐狭，约与花葶等长。花葶圆柱状，中空，中部以下膨大，向顶端渐狭，约在 1/3 以下被叶鞘；总苞膜质，2 裂；伞形花序球状，较疏散；花白色；花被片近卵形，先端具反折的尖头；花丝锥形，在基部合生并与花被片贴生；子房倒卵状；花柱细长，伸出花被外。花果期4～7月。

全国各地广泛栽培，国外也有栽培。见于萝芭地。

球序韭(野葱) *Allium thunbergii* G. Don.
石蒜科 Amaryllidaceae　葱属

多年生草本。鳞茎常单生，外皮纸质。叶三棱状条形，背面具 1 纵棱，呈龙骨状隆起。花葶圆柱状，中空，伞形花序球状，多花密集；花紫红色，花丝和花柱均伸出花被外。花果期 8～10 月。

　　生于山坡、林缘、灌草丛中。见于萝芭地。

长柱韭 *Allium Longistylum* Baker.
石蒜科 Amaryllidaceae　葱属

多年生草本。鳞茎常数枚聚生。叶半圆柱状。花葶圆柱状，伞形花序球状；花紫红色，花丝和花柱超出花被约 1 倍。花果期 8～9 月。
生于亚高山林下。见于萝芭地。

薤白 *Allium macrostemon* Bge.
石蒜科 Amaryllidaceae　葱属

多年生草本。鳞茎球形。叶中空，半圆形。伞形花序具有暗紫色珠芽或无。花淡紫色。通过珠芽可进行无性繁殖。花果期 5~7 月。
　　生于山坡草地和荒坡。见于鹫峰、金山、寨尔峪、萝芭地。

细叶韭 *Allium tenuissimum* L.
石蒜科 Amaryllidaceae　葱属

多年生草本。鳞茎聚生。叶丝状半圆柱形。伞形花序半球形，松散，花梗等长；花淡红色，雄蕊内藏。花果期7~9月。
　　生于向阳山坡灌草丛中。见于萝芭地。

野韭 *Allium ramosum* L.
石蒜科 Amaryllidaceae　葱属

　　多年生草本。根状茎横生。鳞茎圆锥形。叶三棱状条形，扁平，中空。花葶具2棱。花白色。花果期6~9月。
　　生于山坡草地和荒坡。见于金山、萝芭地。

山韭 *Allium senescens* L.
石蒜科 Amaryllidaceae　葱属

多年生草本。鳞茎单生或数枚聚生，近圆锥状。叶条形，基部近半圆柱状，上部扁平。花葶圆柱状，伞形花序半球状至球状，多花密集；花淡紫色，花丝比花被略长。花果期 7～9 月。

生于山坡或山脊灌草丛中。见于鹫峰、寨尔峪。

韭菜[*] *Allium tuberosum* Rott.

石蒜科 Amaryllidaceae　葱属

本种与野韭（*A. ramosum* L.）极为相似，不同之处在于野韭的叶为三棱状条形，背面因纵棱隆起而成龙骨状，中空，叶缘和沿纵棱常具细的糙齿。花被片常具红色中脉。花果期 7～9 月。

现世界上已经普遍栽培。北京菜区最常见的栽培蔬菜。见于萝芭地。

茖葱 *Allium victorialis* L.

石蒜科 Amaryllidaceae　葱属

　　多年生草本。鳞茎柱状圆锥形，外皮黑褐色。叶 2～3 枚，披针状矩圆形至宽椭圆形，基部楔形，沿叶柄下延。花葶圆柱形，幼时弯垂，开花时直立；总苞 2 裂，宿存；伞形花序球形；花梗等长；花被片 6，白色，椭圆形；雄蕊伸出；子房具 3 圆棱；嫩叶可食。花果期 5～7 月。

　　生于山坡林下、草丛中、石壁上、亚高山草甸。见于萝芭地。

玉竹 *Polygonatum odoratum* (Mill.) Druce.
天门冬科 Asparagaceae　黄精属

　　多年生草本。根状茎圆柱状。茎偏向一侧，具7~12枚叶。叶互生，椭圆形至卵状矩圆形，下面带灰白色，无毛。花序腋生，具1~3花；花被筒状，白色，顶端绿色，裂片6；雄蕊6，内藏，花丝丝状。浆果球形，熟时蓝黑色。花期5~6月，果期7~9月。
　　生于山坡、林缘、林下，极常见。见于鹫峰、金山、寨尔峪、萝芭地。

小玉竹 *Polygonatum humile* Fisch. ex Maxim.
天门冬科 Asparagaceae　黄精属

　　多年生草本。根状茎细圆柱形。茎直立。叶互生，椭圆形，下面被短糙毛。花序通常仅具 1 花，花梗向下弯曲；花白色，顶端带绿色。浆果蓝黑色，有 5～6 颗种子。花期 6～7 月，果期 7～8 月。

　　生于山坡草地、亚高山林下。见于鹫峰、萝芭地。

黄精 *Polygonatum sibiricum* Delar. ex Red.
天门冬科 Asparagaceae 黄精属

　　多年生草本。根状茎圆柱状，结节膨大。幼株具基生叶1枚，宽披针形，表面常有浅色条纹；茎生叶4~6枚轮生，条状披针形，先端拳卷或弯曲成钩，有时借此攀缘。花序腋生，具2~4朵花，俯垂；花被乳白色，先端6裂；雄蕊6，内藏。浆果球形，熟时黑色。花期5~6月，果期8~9月。

　　生于山坡或沟谷林缘、林下、草丛中，极常见。见于鹫峰、金山、塞尔峪。

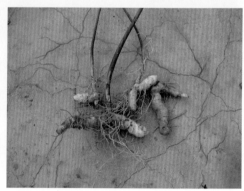

热河黄精 *Polygonatum macropodium* Turcz.
天门冬科 Asparagaceae　黄精属

多年生草本。根状茎圆柱形。叶互生,卵形至卵状椭圆形。花序腋生,具 5～12 朵花,近伞房状;花被白色,顶端 6 裂,花丝具 3 狭翅呈皮屑状粗糙。浆果熟时蓝色,具 7～8 颗种子。花期 7～8 月,果期 8～10 月。本种和玉竹的区别仅在于根状茎较粗壮,花序具较长的总花梗和较多的花。

生于山坡林下、灌草丛中,常见。见于金山、寨尔峪。

二苞黄精 *Polygonatum involucratum*(Franch. ex Sav.) Maxim.
天门冬科 Asparagaceae　黄精属

　　多年生草本。根状茎细圆柱形。叶 4～7 枚，互生，卵形，先端短渐尖，下部叶上部的近无柄。花序具 2 花，2 枚叶状苞片，宿存；花绿白色。浆果具 7～8 颗种子。花期 5～6 月，果期 8～9 月。
　　生于林下或阴湿山坡。见于萝芭地。

鹿药 *Smilacina japonica* A. Gray

天门冬科 Asparagaceae 鹿药属

　　多年生草本。根状茎横走。叶互生，卵状椭圆形或狭矩圆形，两面疏被粗毛或近无毛，具短柄。圆锥花序顶生，具花 10 ~ 20 朵，被毛；花被片 6，排成两轮，白色，离生或仅基部稍合生，矩圆形或矩圆状倒卵形；雄蕊 6。浆果近球形，熟时红色，具种子 1 ~ 2颗。花期 5 ~ 6 月，果期 8 ~ 9 月。

　　生于沟谷林下、水边，常见。见于萝芭地。

铃兰 *Convallaria majalis* L.
天门冬科 Asparagaceae　铃兰属

　　多年生草本。植株全部无毛，常成片生长。叶通常2枚，椭圆形。总状花序偏向一侧；花梗近顶端有关节，果熟时从关节处脱落；花白色，下垂，钟状，花被顶端6浅裂。浆果熟后红色，稍下垂。花期5~6月，果期7~9月。
　　生于中高海拔山坡或沟谷林下。见于萝芭地。

凤尾兰[*] *Yucca gloriosa* L.
天门冬科 Asparagaceae 丝兰属

常绿小乔木。有时具有分枝。叶剑形，常集生于茎的上部，先端具刺尖，近平直，无毛，具白粉，通常幼时具疏齿，老时叶缘具少数纤维丝。圆锥花序；花白色，下垂，花被片边缘常具紫红色。蒴果，干质，下垂，长圆状卵形，不开裂。花期 6~9 月，果期 8~10 月。

北京公园常见盆栽。见于鹫峰、树木园。

龙须菜 *Asparagus schoberioides* Kunth
天门冬科 Asparagaceae　天门冬属

　　多年生直立草本。叶状枝镰刀状，3～7枚簇生。雌雄异株，花黄绿色。浆果球形，红色。花期5～6月，果期7～9月。

　　生于林下、草地和沟边。见于东北、西北和华北地区。见于萝芭地。

兴安天门冬 *Asparagus dauricus* Fisch. ex Link

天门冬科 Asparagaceae　天门冬属

　　多年生直立草本。茎和分枝有条纹；叶状枝每1~6枚成簇，通常全部斜立，圆柱形。鳞片状叶基部无刺。花2朵腋生，黄绿色，雄花花梗和花被近等长，关节位于近中部；花丝大部分贴生于花被片上，离生部分很短，只有花药一半长；雌花极小，花被短于花梗，花梗关节位于上部。浆果球形。花期5~6月，果期7~9月。

　　生于向阳山坡、草丛中。见于树木园。

曲枝天门冬 *Asparagus trichophyllus.* Bge.

天门冬科 Asparagaceae　天门冬属

　　多年生草本。茎分枝先下弯而后上升，基部一段强烈弧曲。叶退化为鳞片状；叶状枝每 5~8 枚成簇，常伏贴于小枝上。花每 2 朵腋生，单性异株；花被片 6，黄绿色带紫色。浆果球形，熟时红色。花期 5 月，果期 7 月。

　　生于山坡、路旁、沟谷、林下。见于鹫峰、萝芭地。

玉簪 *Hosta plantaginea*(Lam.) Aschers.
天门冬科 Asparagaceae　玉簪属

根状茎粗厚。叶卵状心形、卵形或卵圆形，先端近渐尖，基部心形，具 6 ~ 10 对侧脉。花葶具几朵至十几朵花；花的外苞片卵形或披针形；内苞片很小；花单生或 2 ~ 3 朵簇生，白色，芳香；雄蕊与花被近等长或略短，基部贴生于花被管上。蒴果圆柱状，有三棱。花期 6 ~ 8 月，果期 8 ~ 10 月。

生于海拔 2200 米以下的林下、草坡或岩石边。各地常见栽培。见于鹫峰。

知母 *Anemarrhena asphodeloides* Bge.

天门冬科 Asparagaceae　知母属

多年生草本。根状茎横走。叶基生，禾叶状，基部渐宽而成鞘状。花葶远超出叶，总状花序细长；花淡粉色或带绿白色；花被片基部靠合成筒状；蒴果狭椭圆形，顶端有短喙。花期5~7月，果期7~9月。

生于向阳山坡灌草丛中，常见。见于寨尔峪。

鸭跖草 *Commelina communis* L.
鸭跖草科 Commelinaceae　鸭跖草属

　　一年生草本。单叶，互生，披针形，具叶鞘。花蓝色；花萼、花瓣明显，各 3 枚；发育雄蕊 3 枚。蒴果 2 室。花果期 6～10 月。
　　生于低海拔的路边、山坡、田埂和林缘。喜阴湿环境。见于鹫峰、金山、寨尔峪、萝芭地。

饭包草 *Commelina benghalensis* L.
鸭跖草科 Commelinaceae　鸭跖草属

多年生草本。叶片卵形，有明显的叶柄。总苞片佛焰苞状，柄极短；花瓣蓝色。花期7～10月。

生于村旁、水边、草丛中，极常见。见于鹫峰。

竹叶子 *Streptolirion volubile* Edgew.
鸭跖草科 Commelinaceae　竹叶子属

　　一年生缠绕草本。单叶，互生，叶基心形。花白色；花萼、花瓣明显，各3枚；发育雄蕊6枚。蒴果长椭圆形，具喙。花果期7～10月。
　　生于路边、山沟、田埂和山坡。见于鹫峰、金山、寨尔峪、萝芭地。

香蒲(水烛) *Typha angustifolia* L.
香蒲科 Typhaceae　香蒲属

　　多年生草本，水生或沼生。根状茎乳黄色、灰黄色，先端白色。地上茎直立，粗壮。雄花序轴具褐色扁柔毛，单出，或分叉；雄花由3枚雄蕊合生；雌花具小苞片；孕性雌花柱头窄条形或披针形，子房纺锤形，小坚果长椭圆形，具褐色斑点，纵裂。种子深褐色。花果期6~9月。

　　生于湖泊、河流、池塘浅水处。见于鹫峰。

红鳞扁莎* *Pycreus sanguinolentus*(Vahl) Nees.
莎草科 Cyperaceae　扁莎属

　　多年生草本。秆丛生，扁三棱形，平滑。叶短于秆。长侧枝聚伞花序具少数辐射枝；小穗矩圆形，极压扁；鳞片中间黄绿色，边缘暗褐红色。花果期 7 ~ 12 月。

　　生于水边、草丛、湿地中。见于金山。

具芒碎米莎草 *Cyperus microiria* Steud.

莎草科 Cyperaceae　莎草属

　　一年生草本。秆丛生，扁三棱状。叶基生，短于秆。苞片 3~5，叶状，下部的较花序长；长侧枝聚伞花序复出；小穗直立，矩圆形，压扁，有 6~22 朵花；鳞片黄色，顶端有突出的短芒尖。小坚果倒卵形，有三棱。花果期 8~10 月。

　　生于路旁、水边、草丛中，常见。见于鹭峰。

异鳞薹草 *Carex heterolepis* Bge.

莎草科 Cyperaceae　薹草属

多年生草本。秆丛生，三棱形。叶与秆近等长。小穗3~6个，顶生1个小穗为雄性，侧生小穗为雌性；鳞片狭披针形，淡褐色。果囊稍长于鳞片，顶端急缩为极短的喙。花果期4~7月。

生于沟谷、林下、水边。见于金山。

异穗薹草 *Carex heterostachya* Bge.

莎草科 Cyperaceae　薹草属

　　多年生草本。小穗3~4个；雌花鳞片褐色。果囊稍长于鳞片，宽卵形，顶端急缩为短喙。花果期4~6月。

　　生于路旁、草丛中、山坡、林缘。见于鹫峰、寨尔峪。

大披叶薹草 *Carex lanceolata* Boott.
莎草科 Cyperaceae　薹草属

　　多年生草本。秆密丛生，扁三棱形。叶平张，质软，基部纤维状宿存叶鞘。苞片佛焰苞状。小穗彼此疏远；顶生的 1 个雄性，侧生的 2 ~ 5 个小穗雌性；小穗轴微呈 "之"字形曲折。小坚果倒卵状椭圆形，三棱形，基部具短柄，顶端具外弯的短喙。花期 4 ~ 5 月，果期 6 ~ 7 月。

　　生于林下、林缘草地、阳坡干燥草地，海拔 110 ~ 2300 米。见于鹫峰、金山、寨尔峪、萝芭地。

青绿薹草 *Carex breviculmis* R. Br.
莎草科 Cyperaceae　薹草属

　　多年生草本。秆三棱形。叶短于秆米。小穗 2~4 个，矩圆状卵形，顶生者雄性，其余为雌性；雌花鳞片矩圆形，中间淡绿色，两侧绿白色，顶端具长芒。果囊倒卵形。花果期 3~6 月。

　　生于路旁、田边、山坡灌草丛中，常见。见于金山、萝芭地。

翼果薹草 *Carex neurocarpa* Maxim.

莎草科 Cyperaceae　薹草属

　　多年生草本。秆扁三棱形。花序尖塔状，短于苞片；小穗密生，上部为雄花，下部为雌花。果囊卵形，边缘具宽翅。花果期 6～8 月。
　　生于沟谷水边、湿润处。见于鹫峰。

细叶薹草(白颖薹草) *Carex duriuscula* subsp. *rigescens*(Franch.)S. Y. Liang et Y. C. Tang

莎草科 Cyperaceae　薹草属

多年生矮小草本。具细长匍匐根状茎。叶短于秆，扁平。穗状花序卵形，具密生的 5～8 个小穗；小穗卵形或宽卵形，上部为雄花，下部为雌花；鳞片卵形，淡锈色，边缘白色膜质，顶端锐尖。果囊卵形。花果期 4～6 月。

生于房前屋后、山坡、路旁、草丛中，早春极常见。见于金山。

稗草 *Echinochloa crusgalli* (L.) Beauv.
禾本科 Gramineae　稗属

　　一年生草本。叶片条形，扁平，无毛，边缘粗糙，无叶舌。圆锥花序顶生，直立，近尖塔形；主轴具棱，粗糙或具疣基长刺毛；分枝斜上举或贴向主轴，有时再有小分枝；穗轴粗糙或生疣基长刺毛；小穗卵形，含2小花，近无柄，密集在穗轴的一侧，脉上密被疣基刺毛；第一小花外稃具芒；第二小花外稃仅具小尖头。花果期7~9月。

　　生于路旁、水边、河滩，常见。见于鹫峰。

长芒稗 *Echinochloa crusgalli* var. *caudata*(Roshev.)Kitag.
禾本科 Gramineae　稗属

　　一年生草本。叶片条形。圆锥花序顶生，稍下垂；小穗卵状椭圆形，含 2 小花；第一小花外稃顶端具长 3~6 厘米的长芒，常带紫色。花果期 6~9 月。
　　生于水边或在水中挺水生长。见于鹫峰。

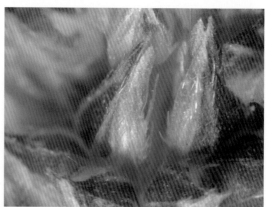

无芒稗 *Echinochloa crusgalli* var. *mitis*(Pursh) Peterm.
禾本科 Gramineae　稗属

　　一年生草本。叶片扁平。顶生圆锥花序，分枝近似指状排列，可再有次级小分枝；小穗近方形，两侧极压扁，排列于穗轴一侧，小穗有短芒或无芒，含 1 小花；颖等长，厚草质；外稃披针形，具伸出颖外之短尖头。花果期 6～9 月。
　　生于水边、河滩。见于鹫峰。

虉草 *Phalaris arundinacea* L.
禾本科 Gramineae　虉草属

　　多年生草本。植株有香气。叶片披针形，扁平。圆锥花序狭窄，分枝上举；小穗卵圆形，黄褐色，有光泽，含3小花，下方2枚为雄性，顶生1枚为两性；颖膜质，具狭翅状的脊；成熟时小穗肿胀。花果期6~8月。
　　生于水边、河滩，常见。见于金山。

草沙蚕 *Tripogon chinensis*(Fr.) Hack.

禾本科 Gramineae　草沙蚕属

多年生草本。秆密丛生，细弱，平滑无毛。叶片狭条形；叶舌很短或近于缺。穗状花序细弱，穗轴三棱形；小穗条状披针形，绿色，含3~5小花；颖具透明的膜质边缘；外稃具芒。花果期7~10月。

生于山坡石缝中。见于金山。

臭草(枪草) *Melica scabrosa* Trin.

禾本科 Gramineae　稗属

　　多年生草本。秆丛生，直立或基部膝曲，基部密生分蘖。叶鞘闭合；叶舌透明膜质；叶片扁平。圆锥花序紧缩，常偏向一侧；小穗柄短，弯曲而具关节，上端具微毛；小穗淡绿色，小穗轴顶端有数个互相包裹的不孕外稃，呈球形；颖等长；外稃 7 脉，背部具点状粗糙。颖果褐色，纺锤形，有光泽。花果期 5~8 月。

　　生于田边、山坡、路旁、草丛中，极常见。见于鹫峰、金山、寨尔峪。

细叶臭草 *Melica radula* Franch.
禾本科 Gramineae　臭草属

多年生草本。秆丛生，直立或基部膝曲，基部密生分蘖。叶鞘闭合；叶片细；叶舌透明膜质；叶片扁平。圆锥花序极窄；小穗排列疏松，淡绿色，含2个孕性小花，小穗轴顶端有数个互相包裹的不孕外稃，呈球形；颖等长；外稃7脉，背部具点状粗糙。颖果褐色，纺锤形，有光泽。花果期5~8月。

产于各区低山地区。生于阳坡草丛中。见于鹫峰、金山、萝芭地。

大油芒 *Spodiopogon sibiricus* Trin.
禾本科 Gramineae　大油芒属

　　多年生草本。长根状茎。叶片条形。圆锥花序顶生，由数节总状花序组成，穗轴逐节断落；小穗成对着生，一有柄，一无柄，均结实且同形，多少呈圆筒形，含 2 小花，第一小花雄性，第二小花两性，结实；第二小花具芒，自外稃裂齿间生出，中部膝曲。颖果矩圆状披针形，棕栗色。花果期 7～10 月。

　　生于山坡或山脊林缘、林下、灌草丛中，极常见。见于鹫峰、金山、寨尔峪、萝芭地。

鹅观草 *Roegneria kamoji* Ohwi.
禾本科 Gramineae　鹅观草属

　　多年生草本。叶片扁平。穗状花序俯垂；小穗含 3～10 小花；外稃披针形，边缘宽膜质，无毛；内稃与外稃近等长，脊显著具翼。花果期 5～7 月。
　　生于田边、路旁、水边、草丛中，极常见。见于金山、萝芭地。

纤毛鹅观草 *Roegneria ciliaris*(Trin.) Nevski.
禾本科 Gramineae　鹅观草属

多年生草本。叶片扁平。穗状花序近直立；小穗含 3 ~ 10 小花；颖与外稃边缘具长纤毛；外稃披针形，边缘宽膜质；外稃芒初时直伸，干后反曲；内稃比外稃短，脊显著具翼。花果期 5 ~ 7 月。

生于田边、路旁、水边、草丛中，极常见。见于鹫峰、金山。

早园竹* *Phylostachys propinqua* Mc. Cl.
禾本科 Gramineae　刚竹属

常绿乔木。节间绿色；秆环与箨环均中度隆起；箨鞘淡红褐色或黄褐色，背部无毛，有白粉；箨耳与肩毛不发达；箨舌弧形，两侧不下延，淡褐色，具白色细短纤毛；箨叶平直或略皱，披针形至带状；叶鞘无叶耳。笋期4~5月。见于鹫峰、树木园（引栽）。

纤毛鹅观草 *Roegneria ciliaris*(Trin.)Nevski.

禾本科 Gramineae　鹅观草属

多年生草本。叶片扁平。穗状花序近直立；小穗含 3～10 小花；颖与外稃边缘具长纤毛；外稃披针形，边缘宽膜质；外稃芒初时直伸，干后反曲；内稃比外稃短，脊显著具翼。花果期 5～7 月。

生于田边、路旁、水边、草丛中，极常见。见于鹫峰、金山。

野青茅 *Calamagrostis arundinacea*(L.) Roth.
禾本科 Gramineae　拂子茅属

多年生草本。叶片扁平。圆锥花序开展；小穗含 1 小花；颖近等长；外稃具芒，自基部生出，基盘两侧有柔毛，长达外稃的 1/4～1/3；鲜时二颖靠合，干后展开，并露出基盘柔毛。花果期 7～9 月。

生于山坡或沟谷、林下、水边。见于金山、寨尔峪、萝芭地。

拂子茅 *Calamagrostis epigejos*(L.) Roth.
禾本科 Gramineae　拂子茅属

　　多年生草本。叶片扁平。圆锥花序紧缩；小穗含 1 小花；颖近等长；外稃具芒，自背部生出，基盘具长柔毛；鲜时二颖靠合，干后展开，并露出基盘柔毛。花果期 5～9 月。
　　生于山坡草地、河滩。见于金山、寨尔峪、萝芭地。

早园竹* *Phylostachys propinqua* Mc. Cl.
禾本科 Gramineae　刚竹属

常绿乔木。节间绿色；秆环与箨环均中度隆起；箨鞘淡红褐色或黄褐色，背部无毛，有白粉；箨耳与肩毛不发达；箨舌弧形，两侧不下延，淡褐色，具白色细短纤毛；箨叶平直或略皱，披针形至带状；叶鞘无叶耳。笋期 4～5 月。见于鹫峰、树木园（引栽）。

狗尾草 *Setaria viridis*(L.) Beauv.
禾本科 Gramineae　狗尾草属

一年生草本。叶片条状披针形。圆锥花序紧缩呈柱状，分枝上着生两至多个小穗，基部有刚毛状小枝 1 ~ 6 条，绿色或带紫色；第一颖长为小穗的 1/3；第二颖与小穗等长或稍短；第二外稃有细点状皱纹，边缘卷抱内稃。果实成熟后与刚毛分离而脱落。花果期 5 ~ 10 月。

生于房前屋后、田边、山坡、路旁、草丛中，极常见。见于鹫峰、金山、寨尔峪、萝芭地。

金色狗尾草 *Setaria lutescens*（Weigel）F. T. Hubb.

禾本科 Gramineae　狗尾草属

一年生草本。叶片条状披针形。圆锥花序柱状，分枝上着生 1 小穗，基部有刚毛状小枝数条，金黄色；第一颖长为小穗的 1/3；第二颖长约为小穗的 1/2；第二外稃有细点状皱纹，边缘卷抱内稃。果实成熟后与刚毛分离而脱落。花果期 6～10 月。

生于水边、山坡、路旁、草丛中，常见。见于寨尔峪。

虎尾草 *Chloris virgata* Swartz
禾本科 Gramineae　虎尾草属

　　多年生草本。秆基部极压扁。叶片条状披针形。穗状花序 4～10 枚指状生于秆顶，并向中间靠拢；小穗排列于穗轴的一侧，含 2 小花，外稃顶端以下生芒。花果期 6～10 月。
　　生于田边、荒地、山坡、路旁、草丛中，极常见。见于鹫峰。

大画眉草 *Eragrostis cilianensis* (All.) Vig. – Lut.

禾本科 Gramineae　画眉草属

　　一年生草本。植株具特殊臭味，有腺体。叶舌为一圈纤毛；叶片条形。圆锥花序分枝及小穗柄具腺体；小穗狭披针形，含多数小花。花果期 7～10 月。

　　生于田边、路旁、水边、草丛中，常见。见于鹫峰、金山。

黄背草 *Themeda japonica* (Willd) C. Tanaka

禾本科 Gramineae 菅属

　　多年生草本。叶片条形，中脉显著；叶舌坚纸质。花序圆锥状，多回复出，由数个具佛焰苞的总状花序组成；总状花序长具总梗，基部托以无毛的佛焰苞状总苞；每一总状花序有小穗7枚，下方2对均不孕并近于轮生，其余3枚顶生而有柄小穗不孕，无柄小穗纺锤状圆柱形；芒一至二回膝曲。颖果矩圆形。花果期6～12月。

　　生于向阳山坡灌草丛中，常见。见于鹫峰、金山、寨尔峪、萝芭地。

矛叶荩草 *Arthraxon priondes*(Steud.) Dandy

禾本科 Gramineae 荩草属

多年生草本。秆直立或倾斜，具多节，节着地易生根。叶宽披针形，基部心形抱茎。总状花序 2 至数枚呈指状排列于枝顶；小穗成对生于各节，一有柄，一无柄；无柄小穗矩圆状披针形，有芒，有柄小穗披针形，较短，无芒。花果期 7～10 月。

生于向阳山坡、林缘、灌草丛中，极常见。见于鹫峰、金山。

马唐 *Digitaria sanguinalis*(L.) Scop.
禾本科 Gramineae　马唐属

多年生草本。秆丛生。叶片狭条形。总状花序 4 ~ 12 枚簇生茎顶，呈指状排列，花序轴无毛；小穗成对生于总状花序各节，一有柄，一无柄；无柄小穗两性，外稃无毛，无芒；有柄小穗雄性，无芒。花果期 6 ~ 9 月。

生于田边、路旁、草丛中，常见。见于鹫峰、金山、寨尔峪、萝芭地。

毛马唐 *Digitaria ciliaris*(Retz.)Koel.
禾本科 Gramineae 马唐属

多年生草本。秆丛生。叶片狭条形。总状花序 4~12 枚簇生茎顶，呈指状排列，花序轴无毛；小穗成对生于总状花序各节，一有柄，一无柄；无柄小穗两性，外稃脉间具柔毛和疣基刚毛，成熟后平展张开，外稃无芒；有柄小穗雄性，无芒。花果期 6~10 月。

生于田边、路旁、草丛中，常见。见于鹫峰、寨尔峪。

止血马唐 *Digitaria ischaemum*(Schreb.) Schreb. ex Muhl.
禾本科 Gramineae   马唐属

一年生草本。秆直立或基部倾斜。叶鞘具脊；叶片扁平，线状披针形。总状花序具白色中肋，两侧翼缘粗糙；小穗 2~3 枚着生于各节；第一颖不存在；第二颖具 3~5 脉；第一外稃具 5~7 脉，与小穗等长，脉间及边缘具细柱状棒毛与柔毛。第二外稃成熟后紫褐色。花果期 6~11 月。

生于田野、河边润湿的地方。见于鹜峰、寨尔峪。

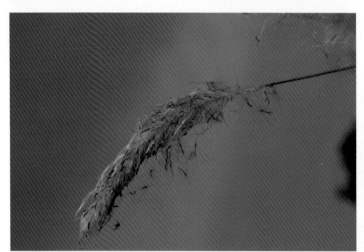 

芒 *Miscanthus sinensis* Anderss.

禾本科 Gramineae　芒属

　　多年生草本。长匍匐根状茎。秆直立，具十多节，节处生柔毛。叶片扁平，条形，边缘锯齿状粗糙。圆锥花序顶生，由多数指状排列的总状花序组成，分枝腋间生柔毛；小穗成对生于总状花序各节，均结实且同形；小穗含 2 小花，第二外稃具芒，基盘具长为小穗 2 倍的丝状柔毛。颖果矩圆形。花果期 7 ~ 12 月。

　　生于山坡、路旁。见于萝芭地。

牛鞭草 *Hemarthria altissima*(Poir.) Stapf.
禾本科 Gramineae 牛鞭草属

　　多年生草本。具横走根茎。叶片条形。总状花序顶生，先端尖；小穗贴生于花序轴凹穴中，使花序呈柱状。花果期 6 ~ 8 月。
　　生于水边、河滩。见于寨尔峪。

披碱草 *Elymus dahuricus* Turcz.
禾本科 Gramineae　披碱草属

多年生草本。具地下横走根茎。植株呈粉绿色。叶片扁平。穗状花序粗壮，较紧密，直立，常显粉绿色，每节具 2~3 个小穗；小穗含 3~5 小花；颖和外稃具芒，颖锥状，常短于第一小花；外稃披针形。花果期 7~9 月。

生于山坡草地、路旁。见于金山、萝芭地。

老芒麦 *Elymus sibircus* L.
禾本科 Gramineae　披碱草属

　　多年生草本。具地下横走根茎。植株呈粉绿色。叶片扁平。穗状花序疏松，下垂，通常每节具 2 个小穗；小穗含 4～5 小花；颖和外稃具长芒。花果期 6～8 月。

　　生于沟谷、林下、水边。见于金山。

求米草 *Oplismenus undulatifolius*(Ard.) Roem. et Schult.

禾本科 Gramineae　求米草属

　　一年生草本。秆纤细，基部平卧地面，节处生根。叶片披针形至卵状披针形，叶面有横脉，皱褶不平。圆锥花序顶生，主轴密被疣基刺毛，分枝短缩；小穗卵圆形，被硬刺毛；颖草质，第一颖长约为小穗之半，顶端具硬直芒；第二颖和第一小花外稃具短芒。花果期 7～11 月。

　　生于沟谷、林缘、林下，常见。见于鹫峰、寨尔峪。

三芒草 *Aristida adscensionis* L.
禾本科 Gramineae　三芒草属

　　一年生草本。叶片细。圆锥花序开展或紧缩，分枝细弱；小穗灰绿色或带紫色，含 1 小花；颖膜质，具 1 脉；外稃具 3 脉，背部平滑或稀粗糙，顶端具 3 芒，1 长 2 短。花果期 6~10 月。
　　生于山坡、草丛中、河滩沙地。见于萝芭地。

牛筋草 *Eleusine indica*(L.) Gaertn.
禾本科 Gramineae　穆属

　　一年生草本。秆通常斜升，基部极压扁。叶片条形；穗状花序 2~7 枚指状排列，生于秆顶；小穗密集于花序轴的一侧成两行排列，白绿色，含 3~6 小花；第一颖具 1 脉；第二颖与外稃都有 3 脉，外稃先端尖，无芒。囊果，种子卵形，有明显的波状皱纹。花果期 6~10 月。

　　生于房前屋后、田边、荒地、路旁、草丛中，极常见。见于鹫峰、寨尔峪。

细柄草 *Capillipedium parviflorum* (R. Br.) Stapf.

禾本科 Gramineae 细柄草属

多年生草本。具长根状茎。植株矮小。叶片条形。圆锥花序疏散，有纤细的分枝，总状花序 1 ~ 3 节生于枝端；小穗成对生于各节或 3 枚顶生，仅无柄小穗具芒。颖果矩圆状披针形，棕栗色。花果期 8 ~ 12 月。

生于山坡、林缘、灌草丛中。见于金山。

野古草 *Arundinella hirta* (Thunb.) Tanaka

禾本科 Gramineae　野古草属

　　多年生草本。根茎粗壮，秆疏丛生。叶片长条形。圆锥花序开展；小穗成对着生，一具短柄，一具长柄；小穗含 2 小花，一为雄性，一为两性；外稃 3 ~ 5 脉，具短芒。花果期 7 ~ 10 月。

　　生于山坡或山脊灌草丛中、沟谷林缘，极常见。见于鹫峰、金山、寨尔峪、萝芭地。

野黍 *Eriochloa villosa*(Thunb.) Kunth

禾本科 Gramineae　野黍属

　　一年生草本。叶片条状披针形。总状花序数枚排列于主轴一侧；小穗单生，成二行排列于花序轴的一侧；小穗卵形，无芒，基部密生长柔毛。花果期 7 ~ 10 月。

　　生于沟谷林缘、林下、水边。见于寨尔峪。

北京隐子草 *Cleistogenes hancei* Keng
禾本科 Gramineae　隐子草属

　　多年生草本。秆疏丛生。叶舌短，边缘裂成细毛；叶片条形或条状披针形，常与秆成直角，易自叶鞘处脱落。上部叶鞘内有隐藏的小穗；圆锥花序开展；小穗灰绿色或带紫色，含3~7小花；颖不等长，具3~5脉，外稃有黑紫色斑纹，具5脉，顶端有芒。花果期7~11月。

　　生于阳坡灌草丛中，常见。见于鹫峰、金山、寨尔峪、萝芭地。

丛生隐子草 *Cleistogenes caespitosa* Keng

禾本科 Gramineae　隐子草属

多年生草本。秆丛生。叶片条形。圆锥花序开展；小穗含 3~5 小花；外稃具短芒窄。花果期 7~10 月。

生于阳坡灌草丛中，常见。见于鹫峰、金山、寨尔峪、萝芭地。

玉蜀黍 *Zea mays* L.

禾本科 Gramineae　玉蜀黍属

一年生高大草本。秆基部各节具气生支柱根。叶鞘具横脉；叶舌膜质；叶片扁平宽大，线状披针形，基部圆形耳状，中脉粗壮。顶生雄性圆锥花序大型，主轴与总状花序轴及其腋间均被细柔毛；雄性小穗孪生，小穗柄一长一短，被细柔毛。雌花序被多数宽大鞘状苞片所包藏；雌小穗孪生。颖果球形或扁球形，成熟后露出颖片和稃片之外。花果期秋季。

我国各地均有栽培。见于萝芭地。

硬质早熟禾(铁丝草) *Poa sphndylodes* Trin.
禾本科 Gramineae　早熟禾属

多年生草本。秆丛生，质硬，具 3 ~ 4 节，花序以下稍粗糙。叶舌膜质。圆锥花序紧缩；小穗含 4 ~ 6 小花；颖顶端尖锐，3 脉；外稃披针形。颖果。花果期 6 ~ 8 月。
生于山坡、路旁、沟谷、林下、亚高山草甸，常见。见于鹫峰、寨尔峪。

 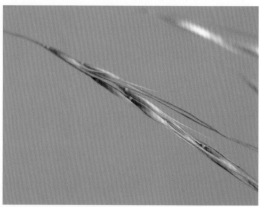

长芒草 *Stipa bungeana* Trin.
禾本科 Gramineae　针茅属

　　多年生草本。根外具沙套。叶片细；叶舌膜质，两侧下延，和叶鞘边缘结合。圆锥花序开展；小穗稀疏着生于分枝上部，含 1 小花；外稃芒呈细发状。颖果细长圆柱形。花果期 6~8 月。

　　生于向阳山坡灌草丛中、河滩沙地。见于寨尔峪。

白屈菜 *Chelidonium majus* L.
罂粟科 Papaveraceae　白屈菜属

　　多年生草本。茎聚伞状多分枝，分枝常被短柔毛，节上较密，后变无毛。基生叶少，早凋落，羽状全裂，全裂片 2～4 对，倒卵状长圆形，具不规则的深裂或浅裂，裂片边缘圆齿状，表面绿色，无毛，背面具白粉，疏被短柔毛。伞形花序多花；花梗纤细；萼片卵圆形，舟状，早落；花瓣倒卵形，全缘，黄色。蒴果狭圆柱形。种子卵形，暗褐色，具光泽及蜂窝状小格。花果期 4～9 月。

　　生于中海拔山坡、山谷林缘草地或路旁、石缝，常见。见于鹫峰、寨尔峪。

地丁草 *Corydalis bungeana* Turcz.
紫堇科 Papaveraceae　紫堇属

　　二年生灰绿色草本。茎自基部铺散分枝，灰绿色，具棱。基生叶多数，叶柄约与叶片等长，基部多少具鞘，边缘膜质；叶片上面绿色，下面苍白色，二至三回羽状全裂。茎生叶与基生叶同形。总状花序多花，先密集，后疏离，果期伸长。苞片叶状，具柄至近无柄；花粉红色至淡紫色，平展。

　　生于多石坡地或河水泛滥地段。见于塞尔峪。

香茶藨子 (黄丁香) *Ribse odoratum* Wendl.
茶藨子科 Grossulariaceae　茶藨子属

　　灌木。枝不具刺，幼枝密被白色柔毛。叶片轮廓卵形，肾圆形至倒卵形，3 裂，先端具钝齿，基部楔形至截形，上面无毛，下面被短柔毛和稀疏棕色斑点。花两性，黄色，有香气；5 ~ 10 朵花成总状花序，下垂。子房无毛。浆果黑色。花期 5 月，果期 7 ~ 8 月。
　　原产于美国，北京有栽培。见于鹫峰。

落新妇（红升麻）*Astilbe chinensis*（Maxim.）Franch. et Sav.

虎耳草科 Saxifragaceae　落新妇属

　　多年生草本。茎与叶柄散生棕褐色长毛。基生叶 2~3 回羽状复叶，复叶为具 5 小叶的羽状复叶；小叶卵状长圆形，边缘有重锯齿，两面无毛或沿脉有锈色长毛；茎生叶 2~3，较小。圆锥花序，狭长，直立，总花梗密被棕色卷曲长柔毛。苞片卵形，较花萼短。花小型，密集，几无梗。花萼 5 深裂。花瓣 5，紫色，线形。雄蕊 10。蓇葖果 2。花期 6~7 月。

　　生于山谷湿地或溪水边。见于鹫峰。

独根草 *Oresitrophe rupifraga* Bge.
虎耳草科 Saxifragaceae 独根草属

多年生草本。根茎粗壮。叶基生，2～3 枚，具柄。叶片卵形至心形，边缘有锯齿。聚伞圆锥花序，生于无叶的花亭上，无苞片。花具短柄，花萼花瓣状，粉红色，裂片 5；无花瓣。雄蕊 10～14，着生于花萼基部。心皮 2，合生，子房上位。蒴果。花期 4～5 月。

生于山谷、悬崖之阴湿石隙。见于金山。

华北八宝(华北景天) *Hylotelephium tatarinowii*(Maxim.) H. Ohba
景天科 Crassulaceae　八宝属

　　多年生草本。根块状，长生有胡萝卜状小块根。茎多条丛生，稍倾斜，不分枝。叶互生，肉质，叶片倒披针形，先端急尖，边缘有疏牙齿或浅裂，几无柄。聚伞花序伞房状。花密集，花梗较花长。萼片5，披针形。花瓣5，粉红色，卵状披针形。雄蕊10，较花瓣短，花丝白色，花药紫色；鳞片正方形，心皮5，卵状披针形，花柱直立。膏葖果，卵形。花期 7 ~ 8 月。

　　生于海拔 1000 ~ 3000 米处山地石缝中。见于萝芭地。

八宝 * *Hylotelephium erythrostictum*(Miquel) H. Ohba
景天科 Crassulaceae　八宝属

多年生草本。茎直立，不分枝。叶对生，稀为互生或 3 叶轮生。叶片长圆形志长圆状卵形，先端急尖或钝，基部渐狭，边缘有疏锯齿，无柄。伞房状聚伞花序，宽大，顶生，朵花密集。萼片 5，披针形。花瓣 5，宽披针形，粉红色至白色，渐尖头。雄蕊 10，与花瓣通长或稍短，外轮对瓣。鳞片 5，长圆状楔形，先端微缺。心皮 5，直立，分离。蓇葖果。花期 8 ~ 9 月。

生于海拔 450 ~ 1800 米的山坡草地或沟边。见于鹫峰、萝芭地。

瓦松 *Orostachys fimbriatus*（Turcz.）Berger
景天科 Crassulaceae　瓦松属

　　二年生或多年生草本。植株被紫红色斑点，无毛。基生叶连坐状，匙状线形，先端增大，为白色软骨质，半圆形，有齿；茎生叶散生，无柄，线形。花序圆柱状总状或圆锥状。苞片线形，渐尖。萼片5，卵形；花瓣淡粉红色，具红色斑点，披针形，先端渐尖。雄蕊10，较花冠短或等长，花药紫红色。鳞片5，先端微凹。蓇葖果5，长圆形；喙细。种子多数，卵形，细小。花期8~9月。

　　生于海拔1600米以下。见于萝芭地。

五叶地锦 *Parthenocissus quinquefolia* Planch.
葡萄科 Vitaceae　地锦属

　　落叶木质藤本。小枝圆柱形，无毛，枝髓白色。卷须总状 5～9 分枝，与叶对生，顶端嫩时膨大呈圆珠形，若遇到附着物可扩大成吸盘。掌状复叶互生，具 5 小叶。小叶倒卵状椭圆形，顶端短尾尖，边缘有粗锯齿；侧脉 5～7 对，网脉两面均不明显突出。聚伞花序假顶生；花两性，花瓣 5，黄绿色。雄蕊 5，与花瓣对生。子房上位。果为球形浆果，熟时蓝黑色，有白粉。花期 6～7 月，果期 8～10 月。

　　与地锦的区别在于：掌状复叶，小叶 5。

　　原产于北美。东北、华北各地栽培。见于鹫峰、树木园、萝芭地。

地锦 *Parthenocissus tricuspidata*(Sielb. et Zucc.) Planch.

葡萄科 Vitaceae　地锦属

　　落叶木质藤本。卷须5~9分叉，与叶对生，顶端扩大成吸盘；叶为单叶，在短枝上为3浅裂，在长枝上不裂，基部心形，边缘有粗锯齿；多歧聚伞花序；花黄绿色，5数，花瓣反折；果实球形，有种子1~3颗。花期6月，果期9~10月。

　　与五叶地锦的区别在于：叶为单叶，3裂或不裂。

　　生于石灰岩山地岩壁上，各地庭院也常有栽培。见于鹫峰、树木园、金山。

山葡萄 *Vitis amurensis* Rupr.

葡萄科 Vitaceae　葡萄属

　　木质藤本。小枝疏被蛛丝状绒毛，后脱落，髓心褐色。卷须 2～3 分叉；叶宽卵形，顶端尖锐，基部宽心形，3～5 裂或不裂，边缘具粗锯齿，下面绿色，被短柔毛。花杂性异株；圆锥花序疏散，与叶对生，花序轴具白色丝状毛；花小黄绿色；花瓣 5，呈帽状黏合脱落；雄蕊 5；花盘发达，5 裂；浆果球形，熟时紫黑色。花期 5～6 月，果期 8～9 月。

　　生于中高海拔沟谷、林下。见于树木园、萝芭地、寨尔峪。

华北葡萄 *Vitis bryoniifolia* Bge.
葡萄科 Vitaceae　葡萄属

　　木质藤本。小枝、叶背面以及花序轴疏被蛛丝状绒毛，后脱落变稀疏；卷须2分叉，与叶对生。叶长圆卵形，叶片3~5深裂或浅裂，边缘具缺刻粗齿或成羽状分裂，下面密被蛛丝状绒毛，以后脱落变稀疏。圆锥花序与叶对生；花瓣5，呈帽状黏合脱落；雄蕊5；花盘发达，5裂。果实球形，成熟时紫红色。花期4~8月，果期6~10月。

　　本种叶多深裂，叶片下面被蛛丝状绒毛，与本属其他种类很好区别。

　　生于中高海拔沟谷、林下。见于树木园。

桑叶葡萄 *Vitis heyneana* subsp. *ficifolia*(Bunge)C. L. Li

葡萄科 Vitaceae 葡萄属

木质藤本。幼叶、叶柄和花序轴密被蛛丝状柔毛,后脱落;卷须2~3分叉;叶宽卵形,3浅裂或中裂,偶有深裂,上面绿色,几无毛,下面被白色或灰白色绒毛;圆锥花序疏散;花杂性异株;花小,黄绿色;花瓣5,顶端合生;雄蕊5,花盘发达,5裂;浆果球形,熟时紫黑色。花期5~7月,果期7~9月。

生于向阳山坡、林缘、灌丛中。见于鹫峰、树木园、金山、寨尔峪。

葡萄 *Vitis vinifera* L.
葡萄科 Vitaceae　葡萄属

　　木质藤本。常具与叶对生的卷须。枝皮纵剥裂，髓心褐色。叶互生，圆卵形，3裂至中部附近，基部心形，叶缘有不规则粗锯齿或缺刻。花杂性异株，圆锥花序，常与叶对生，花序轴被白色丝状毛；花部5基数，花瓣在顶部黏合成帽状，具花盘。浆果球形或椭圆状球形，熟时黄白色、红色或紫色，被白粉。花期4~5月，果期8~9月。

　　原产于亚洲西部，现世界各地均有栽培，为著名水果。见于树木园。

乌头叶蛇葡萄 *Ampelopsis aconitifolia* Bge.

葡萄科 Vitaceae　蛇葡萄属

　　木质藤本。枝条髓心白色，卷须2~3分叉，顶端不扩大为吸盘。叶互生，掌状复叶，小叶通常5，披针形或菱状披针形，小叶3~5羽裂，披针形，中央小叶多为深裂，叶被面沿脉稍被柔毛。花两性；二歧聚伞花序与叶对生；花5数，黄绿色，花盘隆起成杯状。浆果球形，熟时橙黄色至橙红色。花期5~6月，果期8~9月。

　　与白蔹的区别在于：叶轴无翅，叶被沿脉稍被柔毛。

　　生于山坡或沟谷、林缘。见于寨尔峪。

葎叶蛇葡萄 *Ampelopsis humulifolia* Bge.
葡萄科 Vitaceae　蛇葡萄属

　　木质藤本。枝条髓心白色，卷须 2～3 分叉，顶端不扩大为吸盘。叶互生，单叶，卵圆形，3～5 浅裂，叶缘具粗锯齿，叶背粉绿色。花两性；二歧聚伞花序与叶对生或顶生；花 5 数，黄绿色，花盘隆起成杯状。浆果球形，熟时淡黄色或淡蓝色。花期 5～6 月，果期 8～9 月。

　　与乌头叶蛇葡萄的区别在于：单叶，3～5 浅裂，叶背粉绿色。

　　生于山坡或沟谷、林缘。见于鹫峰、树木园、金山、萝芭地、寨尔峪。

合欢[*] *Albizia julibrissin* Durazz.

豆科 Leguminosae　合欢属

　　落叶乔木。小枝有棱角；嫩枝、花序和叶轴被毛。二回羽状复叶；总叶柄近基部及最顶一对羽片着生处各有 1 枚腺体；羽片 4～12 对；小叶 10～30 对，线形至长圆形，先端有急尖，有缘毛。头状花序于枝顶排成圆锥花序；花粉红色；花萼、花冠外均被短柔毛。荚果带状。花期 6～7 月，果期 8～10 月。

　　生于山坡或路旁。见于鹫峰、树木园。

杭子梢 *Campylotropis macrocarpa*(Bunge) Rehder

豆科 Leguminosae　杭子梢属

灌木。幼枝密生白色短柔毛。羽状三出复叶，顶生小叶椭圆形，先端圆或微凹，有短尖，侧生小叶较小。总状花序腋生；花梗细长，有关节；花萼宽钟状，萼齿 4 枚，有疏柔毛；花冠紫色，旗瓣直伸，背部具对折的脊。荚果斜椭圆形，膜质，具明显网脉。

生于山坡或沟谷、林缘、灌丛中。见于鹫峰、树木园、金山、寨尔峪。

胡枝子 *Lespedeza bicolor* Turcz.
豆科 Leguminosae　胡枝子属

　　灌木。小枝黄色，有条棱，被疏短毛。羽状复叶具 3 小叶；小叶卵状椭圆形。总状花序腋生，比叶长，常构成大型、较疏松的圆锥花序；花冠紫色；旗瓣倒卵形，反卷；子房被毛。荚果斜倒卵形，表面具网纹，密被短柔毛。花期 7 ~ 9 月，果期 9 ~ 10 月。
　　生于山坡、林缘、灌丛及杂木林间。见于树木园、萝芭地、寨尔峪。
　　相似种：杭子梢的花梗有关节，旗瓣直伸，不反卷；胡枝子的花梗无关节，旗瓣反卷。

长叶铁扫帚 *Lespedeza caraganae* Bunge

豆科 Leguminosae　胡枝子属

　　小灌木。羽状三出复叶；小叶条形，先端钝或微凹，具小刺尖。总状花序腋生，短于叶，具 3~4 朵花；小苞片狭卵形；花萼狭钟形，5 深裂；花冠显著超出花萼，白色或带淡粉色。荚果倒卵状圆形，先端具短喙。

　　生于向阳山坡、林缘、灌丛中。见于树木园、寨尔峪。

尖叶铁扫帚 *Lespedeza juncea*(L. f.) Pers.
豆科 Leguminosae　胡枝子属

　　小灌木。全株被伏毛。三出复叶；小叶狭矩圆形，先端稍尖或钝圆，有小刺尖，基部渐狭。总状花序腋生，稍长于叶；花冠白色或淡黄色，旗瓣基部带紫斑。荚果宽卵形。
　　生于山坡、路旁、灌丛中。见于鹫峰、树木园、寨尔峪。
　　相似种：长叶胡枝子的小叶条形，花序短于叶；尖叶铁扫帚的小叶狭矩圆形，花序稍长于叶。

短梗胡枝子 *Lespedeza cyrtobotrya* Miq.
豆科 Leguminosae　胡枝子属

灌木。小枝灰褐色，具棱，贴生疏柔毛。羽状复叶具 3 小叶；小叶宽卵形，先端圆或微凹，具小刺尖。总状花序腋生；总花梗短缩，密被白毛；花冠红紫色，旗瓣倒卵形，翼瓣长圆形，龙骨瓣顶端稍弯。荚果斜卵形，表面具网纹，且密被毛。花期 7～8 月，果期 9 月。
生于山坡、灌丛或杂木林下。见于树木园。

畸叶槐 [*]（五叶槐）*Styphnolobium japonicum* f. *oligophylla* Franch.
豆科 Leguminosae　槐属

　　为槐的变形。本变形与原种的区别为：复叶只有小叶 1～2 对，集生于叶轴先端成为掌状，或仅为规则的掌状分裂，下面常疏被长柔毛。见于树木园。

金枝国槐 * *Styphnolobium japonicum* 'Golden'

　　为槐的栽培变种。主要特征为：一年生枝为淡绿黄色；二年生枝为金黄色，树皮光滑；羽状复叶；小叶椭圆形，淡黄绿色。见于树木园（引栽）。

白刺花[*] *Sophora davidii*(Franch.) Skeels
豆科 Leguminosae　苦参属

灌木或小乔木。不育枝末端变成刺。羽状复叶；小叶 5～9 对，椭圆状卵形，先端具芒尖。总状花序着生于小枝顶端；花冠白色或淡黄色，翼瓣具 1 锐尖耳，明显具海绵状皱褶，龙骨瓣具锐三角形耳；雄蕊 10 枚，基部连合不到 1/3。荚果非典型串珠状，表面被毛；种子卵球形，深褐色。花期 3～8 月，果期 6～10 月。

生于河谷沙丘或灌木丛中。见于树木园。

苦参 *Sophora flavescens* Aiton
豆科 Leguminosae　苦参属

　　多年生草本或半灌木。奇数羽状复叶，互生；小叶 25～29，条状披针形；下面密生平贴柔毛。总状花序顶生，花偏向一侧；萼筒钟状；花冠淡黄白色，旗瓣匙形，翼瓣无耳。荚果熟时串珠状。种子长卵形，稍压扁，深红褐。花期 6～8 月，果期 7～10 月。
　　生于山坡灌丛中。见于鹫峰、金山、萝芭地、寨尔峪。

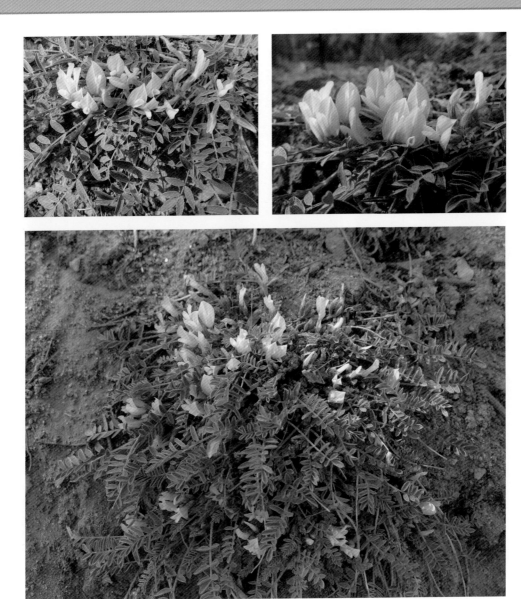

糙叶黄芪 *Astragalus scaberrimus* Bunge

豆科 Leguminosae　黄芪属

　　多年生草本。密被毛。根状茎短缩；地上茎不明显，有时伸长而匍匐。羽状复叶有7～15片小叶，小叶椭圆形，两面密被毛。总状花序腋生；花冠白色带淡蓝色，旗瓣中部稍缢缩，下部狭成瓣柄；子房有短毛。荚果圆柱形，微弯，密被白色毛。花期4～8月，果期5～9月。

　　生于山坡石砾质草地、沙丘及沿河流的沙地。见于鹫峰、金山、寨尔峪。

　　相似种：苦参植株较高大，花序多花，花淡黄白色，偏向一侧，荚果串珠状；糙叶黄芪植株匍匐，密生丁字毛，花序少花，花白色带淡蓝色。

斜茎黄芪 *Astragalus adsurgens* Pall.
豆科 Leguminosae　黄芪属

多年生草本。茎多数或数个丛生。羽状复叶有 7 ~ 23 片小叶；小叶长圆形，两面被毛。总状花序腋生，长圆柱状，多花密集；萼齿狭披针形；花萼管状钟形，被毛；花冠蓝紫色；子房被密毛，有极短的柄。荚果长圆形，顶端具下弯的短喙，被毛。花期 6 ~ 8 月，果期 8 ~ 10 月。

生于向阳山坡灌丛及林缘地带。见于鹫峰。

达乌里黄芪 *Astragalus dahuricus*(Pall.)DC.

豆科 Leguminosae　黄芪属

多年生草本。茎有长毛。奇数羽状复叶，小叶 11 ~ 21，矩圆形，先端钝，上面近无毛，叶背有长柔毛。总状花序腋生，花密集，初为球状，后伸长；花萼钟状，萼齿条形或刚毛状；花冠紫色；子房有长柔毛，有柄。荚果圆筒形，略弯，先端有硬尖，被疏毛。花期 7 ~ 9 月，果期 8 ~ 10 月。

生于山坡、路旁、灌草丛中。见于鹫峰、树木园、萝芭地、寨尔峪。

相似种：达乌里黄芪植株被毛多，花序短，萼齿条形，极细；斜茎黄芪植株被毛少，花序长而密集，萼齿狭披针形，宽。

草木犀状黄芪 *Astragalus melilotoides* Pall.
豆科 Leguminosae　黄芪属

　　多年生草本。茎多分枝，具条棱，被毛。奇数羽状复叶，互生；小叶条状矩圆形，下部叶常具5小叶，上部叶常具3小叶，两面均被毛。总状花序多花，疏生；花冠白色略带淡红色，龙骨瓣先端带紫色。荚果椭圆形，具短喙。花期7~8月，果期8~9月。
　　生于山坡、林缘、林下、灌草丛中。见于鹫峰、金山、萝芭地、寨尔峪。

草珠黄芪 *Astragalus capillipes* Bunge

豆科 Leguminosae　黄芪属

　　多年生草本。茎无毛。羽状复叶有 7～11 片小叶，小叶长圆形，叶背被短柔毛。总状花序疏生多花，腋生；花萼斜钟状，萼齿短，披针形；花冠白色；子房无毛，具短柄。荚果卵状球形，无毛，具隆起的横纹。花期 7～9 月，果期 9～10 月。

　　生于河谷沙地、向阳山坡。见于鹫峰、萝芭地、寨尔峪。

　　相似种：草木犀状黄芪的复叶具 3～5 小叶；草珠黄芪的复叶具 7～11 小叶。

鸡眼草 *Kummerowia striata*（Thunb.）Schindl.

豆科 Leguminosae　鸡眼草属

　　一年生草本。茎和枝上被细毛。三出羽状复叶；小叶长倒卵形，全缘；沿中脉及边缘有白色粗毛。花小，单生或 2~3 朵簇生于叶腋；花萼钟状，带紫色，5 裂，裂片外面及边缘具白毛；花冠紫色。荚果倒卵形，较萼稍长，被小柔毛。花期 7~9 月，果期 8~10 月。

　　生于路旁、田边、溪旁、砂质地。见于鹫峰。

豇豆 *Vigna unguiculata*(L.) Walp.

豆科 Leguminosae　豇豆属

　　一年生缠绕藤本。羽状复叶具 3 小叶；小叶卵状菱形，有时淡紫色，无毛。总状花序腋生；花萼浅绿色，钟状；花冠黄白色而略带青紫，各瓣均具瓣柄；子房线形，被毛。荚果下垂，直立或斜展，线形，稍肉质而膨胀或坚实，有种子多颗；种子长椭圆形或稍肾形，黄白色。花期 5 ~ 8 月。

　　我国多地栽培种植。见于萝芭地。

柠条[*] *Caragana korshinskii* Kom.
豆科 Leguminosae　锦鸡儿属

灌木。老枝金黄色，有光泽；嫩枝被白色柔毛。偶数羽状复叶；小叶6~8对，小叶披针形或狭长圆形，先端锐尖，有刺尖，两面密被毛。蝶形花冠黄色，单生或簇生，花梗中上部具关节；子房披针形，无毛。荚果扁披针形，无毛。花期5月，果期6月。

分布于内蒙古、宁夏、甘肃。生于半固定和固定沙地。见于树木园（引栽）。

北京锦鸡儿 *Caragana pekinensis* Kom.
豆科 Leguminosae　锦鸡儿属

　　灌木。老枝皮褐色，幼枝密被短绒毛。偶数羽状复叶；小叶 6～8 对，椭圆形，两面密被绒毛；托叶宿存，硬化成针刺。花单生或 2～3 个并生，花梗上部具关节；花冠黄色。荚果扁，密被柔毛。花期 5 月，果期 7 月。
　　生于山坡、路旁、灌丛中。见于树木园。

树锦鸡儿 *Caragana arborescens* Lam.

豆科 Leguminosae　锦鸡儿属

　　小乔木或大灌木。老枝深灰色，平滑；小枝有棱，幼时被柔毛。偶数羽状复叶；小叶4~8对；托叶针刺状，极少宿存；小叶长圆状倒卵形，幼时被柔毛。花冠黄色，2~5个簇生。荚果圆筒形，无毛。花期5~6月，果期8~9月。

　　生于林间、林缘。见于树木园。

　　相似种：北京锦鸡儿的叶和荚果均密被绒毛；树锦鸡儿老叶和荚果无毛。

红花锦鸡儿 *Caragana rosea* Turcz. ex Maxim.
豆科 Leguminosae　锦鸡儿属

　　灌木。假掌状复叶，互生；小叶4个，楔状倒卵形，先端圆钝或凹，具刺尖，无毛；托叶部分变成细针刺。花单生，花梗中上部具关节；花蕾红色，花冠初开时黄色，凋时为淡红色。荚果圆筒形，无毛，具渐尖头。花期4～6月，果期6～7月。

　　生于向阳山坡、灌丛中。见于鹫峰、树木园、萝芭地、寨尔峪。

锦鸡儿 *Caragana sinica*(Buc' hoz) Rehder
豆科 Leguminosae　锦鸡儿属

灌木。树皮深褐色；小枝有棱，无毛。托叶三角形，硬化成针刺；小叶 2 对，羽状，有时假掌状，倒卵形，先端圆形或微缺，具刺尖。花单生，花梗中部有关节；花冠黄色，常带红色。荚果圆筒状。花期 4 ~ 5 月，果期 7 月。

生于山坡和灌丛。见于树木园。

南口锦鸡儿* *Caragana zahlbruckneri* C. K. Schneid.
豆科 Leguminosae　锦鸡儿属

灌木。多分枝。老枝褐黑色，光滑；一年生枝红褐色，嫩时有短柔毛。羽状复叶；小叶5~9对；托叶硬化成针刺；小叶倒卵状长圆形或狭倒披针形，近无毛或两面被柔毛。花梗中少部有关节；花冠黄色。荚果。花期5月，果期7月。

产于河北北部、山西西北部。生于山坡灌丛。见于树木园（引栽）。

豆茶决明 *Senna nomame*（Makino）T. C. Chen

豆科 Leguminosae　决明属

　　一年生草本。茎直立或铺散；偶数羽状复叶；小叶 8~28 对，条状披针形，先端圆或急尖，具短尖，基部圆，偏斜。花腋生，单生或 2 至数朵排成短的总状花序；花冠黄色；雄蕊 4 枚，稀 5 个；子房密被短柔毛。荚果扁条形；种子 6~12 个，近菱形，平滑。

　　生于山坡、路旁、灌草丛中。见于寨尔峪。

三籽两型豆 *Amphicarpaea edgeworthii* Benth.

豆科 Leguminosae　两型豆属

　　一年生草质藤本。三出复叶，小叶菱状卵形，两面有白色长柔毛。花二形，地下为闭锁花，直接结果；地上为正常花，排成腋生总状花序；萼筒状，萼齿5；花冠白色带淡蓝色；子房有毛。地上生的荚果矩圆形，扁平，有毛；种子通常3，棕色，有黑斑。
　　生于山坡灌丛中、沟谷、林下。见于鹫峰、金山、萝芭地、寨尔峪。

米口袋 *Gueldenstaedtia verna*(Georgi) Boriss.
豆科 Leguminosae　米口袋属

　　多年生草本。根圆锥状，无地上茎。奇数羽状复叶；小叶 11～21，椭圆形，花后增大；叶、托叶、花萼、花梗均有长柔毛。伞形花序有 4～6 朵花；花萼钟状，上二萼齿较大；花冠紫色，旗瓣卵形，龙骨瓣极短；荚果圆筒状，形似口袋，无假隔膜。种子多数，肾形。花期 4 月，果期 5～6 月。

　　生于山坡或沟谷、林缘、路旁。见于鹫峰、金山、萝芭地、寨尔峪。

狭叶米口袋 *Gueldenstaedtia stenophylla* Bunge
豆科 Leguminosae　米口袋属

　　多年生草本。奇数羽状复叶；小叶 7 ~ 19 片条形或长椭圆形，两面被疏柔毛。伞形花序具 2 ~ 3 朵花；花冠粉红色，有时白色；龙骨瓣被疏柔毛。种子肾形，具凹点。花期 4 月，果期 5 ~ 6 月。
　　生于向阳的山坡草地等处。见于鹫峰。

河北木蓝 *Indigofera bungeana* Walp.
豆科 Leguminosae　木蓝属

　　灌木。奇数羽状复叶；小叶 7~9，椭圆形。总状花序腋生，比叶长；花萼外面被白色丁字毛，萼齿近相等；花冠紫红色，旗瓣阔倒卵形。荚果圆柱形；内果皮有紫红色斑点；种子椭圆形。花期 5~6 月，果期 8~10 月。

　　生于山坡、路旁、灌丛中。见于鹫峰、树木园、寨尔峪。

花木蓝 *Indigofera kirilowii* Maxim. ex Palib.

豆科 Leguminosae　木蓝属

　　小灌木。茎圆柱形，无毛，幼枝有棱，疏生白色丁字毛。羽状复叶；小叶 7~11，阔卵形或椭圆形，两面散生白色丁字毛。总状花序腋生，与叶近等长；花冠紫红色。荚果棕褐色，圆柱形；种子赤褐色，长圆形。花期 5~7 月，果期 8 月。

　　生于山坡灌丛及疏林内或岩缝中。见于寨尔峪。

　　相似种：河北木蓝的叶小，花序比叶长，花小；花木蓝的叶大，花序与叶近等长，花大。

刺槐 *Robinia pseudoacacia* L.

豆科 Leguminosae　刺槐属

　　乔木。树皮黑褐色，浅裂至深纵裂。奇数羽状复叶，小叶 7～25，椭圆形，先端圆或微凹，有小尖；托叶呈刺状。总状花序腋生，花序轴及花梗有柔毛；花冠白色，旗瓣有爪，基部有黄色斑点。荚果长矩圆形，扁平，沿腹缝线具狭翅；种子褐色，近肾形，种脐圆形，偏于一端。花期 4～6 月，果期 8～9 月。

　　原产于北美洲，我国多省有栽培和野生。见于鹫峰、树木园、金山、寨尔峪。

红花洋槐 *Robinia ambigua* 'Idahoensis'
豆科 Leguminosae　刺槐属

本种为刺槐和毛刺槐杂交种的选育品种。本种特征为：小乔木。幼枝和花序无刺腺毛；花冠紫红色。

我国多省栽培种植。见于树木园。

相似种：刺槐的花白色；红花刺槐的花紫红色。

山野豌豆 *Vicia amoena* Fisch. ex Ser.

豆科 Leguminosae　野豌豆属

　　多年生草本。茎具棱，多分枝，斜升或攀缘。偶数羽状复叶，小叶 4～8 对，椭圆形，叶轴顶端有分叉的卷须。总状花序腋生，花 10～25 朵密集着生于花序轴上部；花冠紫红色或蓝紫色。荚果矩圆形；种子 1～6 枚，圆形；种皮革质，深褐色，具花斑；种脐内凹，黄褐色。花期 4～6 月，果期 7～10 月。

　　生于山坡、林缘、灌草丛中。见于鹫峰、萝芭地、寨尔峪。

广布野豌豆 *Vicia cracca* L.

豆科 Leguminosae　野豌豆属

　　多年生草本。茎攀缘或蔓生，有棱，被柔毛。偶数羽状复叶；小叶 5～12 对互生，线形或长圆。总状花序与叶轴近等长，10～40 朵密集一面向着生于总花序轴上部；花冠蓝紫色；旗瓣中部缢缩呈提琴形。荚果长圆形，先端有喙；种子扁圆球形，黑褐色。花果期 5～9 月。

　　广布于我国各省。生于草甸、林缘、山坡、河滩草地。见于萝芭地。

　　相似种：山野豌豆的小叶椭圆形，花序具 10～25 朵花；广布野豌豆的小叶条形，花序具 10～40 朵花。

 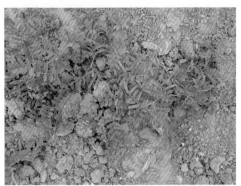

三齿萼野豌豆 *Vicia bungei* Ohwi

豆科 Leguminosae　野豌豆属

　　一年生草本。茎四棱，多分枝。偶数羽状复叶互生；小叶 2 ~ 5 对，矩圆形；托叶半箭头形，有锯齿；叶轴先端有卷须。总状花序腋生，具花 2 ~ 4 朵；花冠紫色。荚果矩圆形，略膨胀；种子球形。花期 4 ~ 5 月，果期 6 ~ 7 月。

　　生于田边、路旁、草丛中。见于寨尔峪。

大叶野豌豆 *Vicia pseudo – orobus* Fisch. & C. A. Mey.

豆科 Leguminosae　野豌豆属

多年生草本。茎有棱，具黑褐斑。偶数羽状复叶；小叶 2～5 对，卵形；叶背被疏柔毛。总状花序长于叶；花萼斜钟状，萼齿三角形；花蓝紫色，花序具 15～30 朵花。荚果长圆形，扁平，棕黄色。种子扁圆形，棕红褐色；种脐灰白色。花期 6～9 月，果期 8～10 月。

生于山地、灌丛或林中。见于寨尔峪。

相似种：三齿萼野豌豆花序具 2～4 朵花；大野豌豆小叶椭圆形，花序具 2～6 朵花，花短；大叶野豌豆小叶卵形，花序极多花，花长。

歪头菜 *Vicia unijuga* A. Braun

豆科 Leguminosae　野豌豆属

多年生草本。茎数条丛生，具棱，偶数羽状复叶，小叶 1 对，卵状披针形或近菱形，先端渐尖。总状花序腋生，明显长于叶，花 8~20 朵，偏向一侧；花萼斜钟状；花冠蓝紫色或紫红色。荚果矩圆形，略扁平。花期 6~7 月，果期 8~9 月。

生于山坡、林缘、林下、亚高山草甸。见于鹫峰、金山、萝芭地、寨尔峪。

野皂荚 *Gleditsia microphylla* D. A. Gordon ex Y. T. Lee
豆科 Leguminosae　皂荚属

　　灌木或小乔木。枝灰白色至浅棕色，具刺。一至二回羽状复叶，小叶斜卵形至长椭圆形，基部偏斜。花杂性，绿白色，近无梗，组成穗状花序或顶生的圆锥花序。荚果扁平，斜椭圆形；熟时红褐色；先端有纤细的短喙；种子扁卵形，褐棕色。花期 6～7 月，果期 7～10 月。

　　生于向阳山坡林中。见于树木园、寨尔峪。

山皂荚 [*] *Gleditsia japonica* Miq.
豆科 Leguminosae　皂荚属

落叶乔木。小枝微有棱，具分散的白色皮；刺略扁，紫褐色。叶为一回或二回羽状复叶；小叶 3~10 对，卵状长圆形，全缘或具波状疏圆齿。花黄绿色，组成顶生或腋生的穗状花序，被毛；雄花外被褐色毛。荚果带形，扁平，不规则弯曲呈镰刀状；果瓣革质，棕黑色，常具泡状隆起。花期 4~6 月，果期 6~11 月。

分布于我国南北多省，常见栽培。生于向阳山坡或谷地、溪边、路旁。见于树木园。

相似种：野皂荚的小叶全缘，荚果小；山皂荚的小叶具疏齿，荚果大，扭旋或弯曲。

皂荚 *Gleditsia sinensis* Lam.
豆科 Leguminosae　皂荚属

　　乔木。一回羽状复叶；小叶 2~9 对，卵状披针形，边缘具细锯齿；叶柄、叶面均被毛。花杂性，黄白色，组成顶生或腋生的总状花序，被短柔毛；花托、萼片以及花瓣均被毛；子房缝线上及基部被毛。荚果带状，或有的荚果短小呈柱形，弯曲呈新月形；果瓣常被白色粉霜。花期 3~5 月，果期 5~12 月。
　　生于山坡林中或谷地、路旁。见于鹫峰、树木园。

紫荆 * *Cercis chinensis* Bunge
豆科 Leguminosae　紫荆属

灌木。树皮和小枝灰白色。叶近圆形，先端急尖，基部浅至深心形，叶柄略带紫色。花紫红色，2～10 余朵成束，簇生于老枝和主干上，先于叶开放，但嫩枝或幼株上的则与叶同放；龙骨瓣基部具深紫色斑纹。荚果扁狭长形，绿色，先端急尖，喙细而弯曲。花期 3～4 月，果期 8～10 月。

分布我国多省，常见栽培种植。见于树木园。

紫穗槐* *Amorpha fruticosa* L.
豆科 Leguminosae　紫穗槐属

灌木。植株丛生。奇数羽状复叶互生，小叶 11~25，卵形或椭圆形，先端圆形，锐尖或微凹，有一短而弯曲的尖刺；穗状花序常 1 至数个顶生和枝端腋生；旗瓣心形，暗紫色，无翼瓣和龙骨瓣；雄蕊 10 枚，下部合生。荚果弯曲，棕褐色，表面有凸起的疣状腺点。

原产于北美洲，我国多省栽培种植。生于山地、路旁、灌丛中、堤坝上。见于树木园。

地榆 *Sanguisorba officinalis* L.
蔷薇科 Rosaceae 地榆属

　　多年生草本。植株有黄瓜味。基生叶为奇数羽状复叶,小叶 2～7 对,矩圆状卵形,边缘有整齐的圆锯齿;茎生叶渐小,托叶大,草质。在茎顶组成圆柱形的穗状花序,自顶端开始向下逐渐开放;萼片 4,花瓣状,紫红色;无花瓣;雄蕊 4;子房外面无毛或基部微被毛。瘦果褐色,包藏在宿萼内。花果期 7～10 月。

　　生于山坡、林缘、草丛中、亚高山草甸,极常见。见于鹫峰、萝芭地、金山、寨尔峪。

棣棠花[*] *Kerria japonica*(L.)DC.
蔷薇科 Rosaceae　棣棠属

　　落叶灌木。小枝绿色，具棱，常拱垂。单叶互生，三角状卵形，先端长渐尖，基部平截或近心形，有尖锐重锯齿，背面沿脉和脉腋有柔毛。花两性，单生于当年生侧枝先端；5基数，黄色，雄蕊多数，成数束，花盘环状，被疏柔毛，心皮5~8，分离。聚合瘦果侧扁，倒卵形或半球形，成熟时黑褐色；萼片宿存。花期4月，果期6~8月。

　　生于山坡灌丛中。北方各地庭园栽培观赏的常为其重瓣类型。见于树木园。

重瓣棣棠花 *K. japonica*(L.)DC. f. *pleniflora*(Witte)Rehd.
蔷薇科 Rosaceae　棣棠属

花重瓣，湖南、四川和云南有野生，供观赏用。见于树木园。

山杏（西伯利亚山杏）*Armeniaca sibirica*(L.)Lam.
蔷薇科 Rosaceae　杏属

　　落叶小乔木。树皮灰褐色，纵裂；小枝灰褐色。叶卵形或近圆形，先端长渐尖，基部圆形或近心形，边缘有细锯齿，两面无毛或在下面沿叶脉有短柔毛；叶柄近顶端有两腺点或无。花单生，近无梗，花瓣白色或粉红色。核果有沟，近球形，两侧扁，黄色带红晕，微有短柔毛；果肉较薄而干燥，成熟时开裂，不能吃。花期5月，果期7~8月。

　　生于干旱阳坡、丘陵草原、林下或灌丛中。见于树木园（引栽）。

梅* *Armeniaca mume* Sieb.
蔷薇科 Rosaceae　杏属

　　落叶小乔木。小枝绿色，常具枝刺。叶卵形或椭圆形，先端尾尖；叶柄常有腺体。花两性，单生或 2~3 朵集生；萼筒钟形，萼片红紫色；花瓣白色或粉红色，雄蕊多数，香味浓。核果近球形，熟时黄色或绿白色，被柔毛；核椭圆形，表面有明显纵沟和蜂窝状孔穴。花期 1~3 月，果期 7~8 月。

　　原产于中国华中至西南山区，北京以南各地均有栽培。见于树木园（引栽）。

紫叶李 * *Prunus cerasifera* f. *atropurpurea*（ Jacq. ）Rehd.
蔷薇科 Rosaceae　李属

　　落叶灌木。小枝暗红色，无毛；冬芽卵圆形。叶片常年紫色，椭圆形，边缘有圆钝锯齿，有时混有重锯齿，除沿中脉有柔毛或脉腋有髯毛外，其余部分无毛；叶柄无腺体。花 1 朵，稀 2 朵；萼筒钟状，与萼片近等长；花瓣白色，长圆形或匙形；雄蕊 25～30，比花瓣稍短。核果近球形，黄色、红色或黑色，微被蜡粉；果核椭圆形或卵球形。花期 4 月，果期 8 月。

　　樱桃李的常见栽培变形，为华北庭园习见观赏树木之一。见于鹫峰、树木园。

山桃 *Amygdalus davidiana*(Carr.) de Vos ex Henry
蔷薇科 Rosaceae　桃属

　　落叶乔木。树皮红棕色，有光泽，具明显的横生皮孔。小枝细长，灰色。叶卵状披针形，先端长渐尖，基部楔形，边缘有细锐锯齿，两面无毛。花单生，先叶开放；萼筒钟形，萼片紫色，花瓣白色或浅粉红色，雄蕊多数，子房被毛；子房上位周位花。核果果肉薄而干燥；核近球形，表面具纵横沟纹和孔穴。花期3~4月，果期7~8月。

　　北方杂木林的主要组成树种，常栽培观赏或用作砧木。见于鹫峰、树木园、金山、萝芭地、寨尔峪。

　　山桃的主要观赏品种有：①白山桃 f. *alba*（Carr.）Rehd. 花白色。②红山桃 f. *rubra*（Bean）Rehd. 花玫瑰红色。

白花山桃[*] *Amygdalus davidiana* 'Alba'

山桃的主要观赏品种之一，花白色。见于树木园（引栽）。

红花山桃 * *Amygdalus davidiana* 'Rubra'

山桃的主要观赏品种之一，花玫瑰红色。见于树木园（引栽）。

相近树种识别要点检索

1. 叶披针形或倒披针形，边缘有单锯齿；核果绿黄色，果核表面具纵横沟纹和孔穴。

  2. 小枝灰褐色；叶披针形，最宽在中下部；果肉薄而干燥，核近形

  ……………………………………………………………………… 山桃 A. davidiana

  2. 小枝背光面绿色，迎光面紫红色；叶倒卵状披针形，最宽在中上部；果肉厚而多
汁，核两侧扁平 ……………………………………………………… 桃 A. persica

1. 叶宽椭圆形或倒卵形，先端常 3 裂，边缘有重锯齿；小枝紫色；果实红色，果核球
形，先端圆钝，表面具不整齐的网状浅沟 ……………………………… 榆叶梅 A. triloba

红碧桃[*] P. persica f. rubra – plena Shneid.

花半重瓣，红色。见于树木园。

碧桃 [*] *P. persica* f. *duplex*

花重瓣，淡红色。见于鹫峰、树木园。

毛樱桃 *Prunus tomentosa* Thunb.
薔薇科 Rosaceae 樱属

　　落叶灌木。小枝灰褐色，无毛；腋芽 3 个并生。叶片卵形或卵状披针形，先端渐尖，基部圆形，边有缺刻状尖锐重锯齿，下面无毛或脉上有稀疏柔毛。花 1~3 朵，簇生，花叶同开或先叶开放；萼筒陀螺形，无毛；花瓣白色或粉红色，倒卵状椭圆形；雄蕊约 32；花柱无毛。核果近球形，深红色；核表面光滑。花期 5 月，果期 7~8 月。见于鹫峰、树木园、金山、萝芭地、寨尔峪。

李[*] *Prunus salicina* Lindl.
蔷薇科 Rosaceae　李属

　　落叶乔木。灰褐色，光滑，起伏不平。小枝无毛。叶长圆状倒卵形或长矩圆形，边缘有圆钝重锯齿，背面脉腋有簇生毛；叶柄近顶端常有腺体。花常3朵并生；蔷薇形花冠，花萼筒状；花瓣白色，具花梗，子房无毛。核果球形，黄色或红色，外被蜡粉；核表面有皱纹。花期4月，果期7~8月。

　　生于山坡灌丛中、山谷疏林中或水边、沟底、路旁等处。我国各省及世界各地均有栽培，为重要温带果树之一。见于树木园。

龙芽草 *Agrimonia pilosa* Ledeb.
蔷薇科 Rosaceae　龙芽草属

　　多年生草本。全株密生长柔毛。奇数羽状复叶，互生，小叶 5～7，椭圆状卵形或倒卵形，长，边缘有锯齿。顶生总状花序，花序轴被柔毛，多花，先端向一侧偏斜；萼筒顶端生一圈钩状刺毛；花萼及花瓣 5，黄色。瘦果倒圆锥形，顶端有数层钩刺。花果期 5～12 月。

　　生于山坡或沟谷、林缘、林下、亚高山草甸，常见。见于萝芭地、金山、寨尔峪。

木瓜 * *Chaenomeles sinensis*(Thouin) Koehne

蔷薇科 Rosaceae　木瓜属

落叶小乔木。小枝无刺；冬芽半圆形，紫褐色。叶片椭圆形或卵形，先端急尖，基部宽楔形，边缘有刺芒状尖锐锯齿，齿尖有腺。花单生于叶腋，花梗短粗，无毛；萼筒钟状外面无毛；萼片三角披针形，边缘有腺齿，外面无毛，内面密被浅褐色绒毛，反折；花瓣淡粉红色，倒卵形；雄蕊长不及花瓣之半；花柱 3～5。果实长椭圆形，暗黄色。花期 4 月，果期 9～10 月。

习见栽培供观赏。见于树木园。

贴梗海棠*（皱皮木瓜）*Chaenomeles speciosa*（Sweet）Nakai
蔷薇科 Rosaceae　木瓜属

　　落叶灌木。小枝紫褐色，无毛，顶端常具枝刺。叶卵形，先端急尖，稀圆钝，基部楔形，叶缘具锯齿，齿端具腺体，两面光滑。花红色，稀淡红色或白色，常 3～5 簇生，花梗短。萼片全缘，直立，雄蕊20 或多数，子房下位，花柱5，基部合生。梨果球形，黄色或带黄绿色。花期 3～5 月，果期 9～10 月。

　　北方常栽培观赏，其栽培品种花瓣有单瓣、重瓣，花色有白色、橙红色、粉红色或红色。见于树木园。

山荆子 *Malus baccata* (L.) Borkh.
蔷薇科 Rosaceae　苹果属

　　落叶乔木。灰色，浅纵裂。小枝无毛，红褐色；冬芽卵形。单叶互生，椭圆形，先端渐尖，具细锐锯齿，无毛或嫩时稍有短柔毛。伞形花序，有花 4 ~ 6 朵集生枝顶；萼片披针形，脱落；花瓣 5，白色，倒卵形，基部有短爪；雄蕊 15 ~ 20；花柱 4 ~ 5，基部合生，子房下位。梨果近球形，红色或黄色，萼片脱落。花期 4 ~ 6 月，果期 9 ~ 10 月。

　　生于中低海拔的山坡杂木林、山谷、溪边。见于树木园。

垂丝海棠[*] *Malus halliana* Koehne
蔷薇科 Rosaceae　苹果属

　　落叶乔木。小枝紫褐色；冬芽卵形。叶片卵形至长椭卵形，先端长渐尖，边缘有圆钝细锯齿；叶柄幼时被稀疏柔毛，逐渐脱落。伞房花序，具花 4～6 朵，花梗下垂；萼片三角卵形，外面无毛，内面密被绒毛；花瓣粉红色，倒卵形；雄蕊 20～25；花柱 4 或 5，较雄蕊为长，基部有长绒毛。果实梨形，萼片脱落。花期 3～4 月，果期 9～10 月。

　　各地常见栽培供观赏用，有重瓣、白花等变种。见于树木园。

西府海棠[*] *Malus x micromalus* Makino

蔷薇科 Rosaceae　苹果属

　　落叶小乔木。小枝紫红色；冬芽卵形，暗紫色。叶片长椭圆形，边缘有尖锐锯齿；嫩叶被短柔毛，老时脱落。伞形总状花序，有花 4~7 朵，花梗嫩时被长柔毛，逐渐脱落；萼筒外面密被白色长绒毛；花瓣粉红色，近圆形或长椭圆形；雄蕊约 20；花柱 5。果实近球形，萼片多数脱落，少数宿存。花期 4~5 月，果期 8~9 月。

　　为常见栽培的果树及观赏树。见于树木园。

　　本种与海棠花极近似，其区别在叶片形状较狭长，基部楔形，叶边锯齿稍锐，叶柄细长，果实基部下陷。

楸子[*]（海棠果）*Malus prunifolia*(Willd.) Borkh.

蔷薇科 Rosaceae　苹果属

　　落叶小乔木。小枝灰褐色；冬芽紫褐色。叶片卵形，边缘有细锐锯齿；叶柄嫩时密被柔毛，老时脱落。花4～10朵，近似伞形花序；花梗及萼筒外面被柔毛；萼片披针形，长于萼筒；花瓣白色，倒卵形；雄蕊20；花柱4或5。果实卵形，萼洼微突，萼片宿存肥厚。花期4～5月，果期8～9月。

　　生于中低海拔的山坡、平地或山谷梯田边。见于树木园。

苹果 * *Malus pumila* Mill.
蔷薇科 Rosaceae　苹果属

　　常绿乔木。小枝紫褐色。叶片椭圆形、卵形至宽椭圆形，边缘具有圆钝锯齿，幼嫩时两面具短柔毛，后脱落；叶柄粗壮，被短柔毛。伞房花序，具花 3～7 朵，集生于小枝顶端，花梗及萼筒密被绒毛；萼片三角卵形，内外两面均密被绒毛；花瓣白色，倒卵形；雄蕊 20；花柱 5。果实扁球形，萼洼下陷，萼片永存。花期 5 月，果期 7～10 月。
　　原产于欧洲及亚洲中部，栽培历史悠久，全世界温带地区均有种植。见于树木园。

海棠花[*]（海棠）*Malus spectabilis*(Ait.) Borkh.
蔷薇科 Rosaceae　苹果属

　　常绿乔木。叶片椭圆形，边缘有紧贴细锯齿，有时部分近于全缘；叶柄具短柔毛。花序近伞形，有花 4~6 朵，花梗具柔毛；萼筒及萼片外面无毛或有白色绒毛；萼片三角卵形，内面密被白色绒毛，比萼筒稍短；花瓣白色；雄蕊 20~25；花柱 5，稀 4。果实近球形，黄色，萼片宿存。花期 4~5 月，果期 8~9 月。
　　生于中低海拔的平原或山地。见于树木园。

月季 * *Rosa chinensis* Jacq.

蔷薇科 Rosaceae　蔷薇属

　　直立落叶灌木。小枝近无毛,有短粗的钩状皮刺或无。奇数羽状复叶,小叶 3~5,稀 7,小叶片宽卵形,边缘有锐锯齿,有散生皮刺和腺毛。花几朵集生,稀单生;花梗近无毛或有腺毛,萼片卵形,边缘常有羽状裂片,外面无毛,内面密被长柔毛;花瓣重瓣至半重瓣,红色、粉红色至白色,倒卵形;花柱离生,约与雄蕊等长。果卵球形或梨形,红色,萼片脱落。花期 4~9 月,果期 6~11 月。

　　原产于中国,各地普遍栽培。园艺品种很多。见于鹫峰、树木园、寨尔峪。

山楂 *Crataegus pinnatifida* Bge.

蔷薇科 Rosaceae　山楂属

落叶小乔木。小枝紫褐色，常具枝刺。叶宽卵形或三角状卵形，通常两侧各有 3～5 对羽状深裂片，表面无毛，背面沿叶脉有疏柔毛。伞房花序，多花，花序梗及花梗均被柔毛；花白色，5 基数，子房下位。梨果近球形，深红色，外面稍具棱。花期 4～5 月，果期 9～10 月。

生于山坡、林边或灌木丛中，海拔 100～1500 米。见于树木园、萝芭地、寨尔峪。

山里红[*]（红果）*Crataegus pinnatifida* var. *major* N. E. Br.

蔷薇科 Rosaceae　山楂属

与原变种区别在于：叶片大，分裂较浅；枝刺少，果实较大，直径达 2.5 厘米，深红色。

在河北山区为重要果树，果实供鲜吃、加工或做糖葫芦用。见于树木园、寨尔峪。

蛇莓 *Duchesnea indica* (Ander.) Focke.
薔薇科 Rosaceae　蛇莓属

多年生草本。匍匐茎多数。三出复叶，具小叶柄，小叶片倒卵形，边缘有钝锯齿；叶柄有柔毛。花单生于叶腋；花梗及萼片外边被柔毛；副萼片倒卵形，比萼片长，先端常具3~5锯齿；花瓣黄色，5枚，倒卵形；雄蕊20~30；心皮多数，离生；花托在果期膨大，海绵质，鲜红色，外面有长柔毛。瘦果卵形，鲜时有光泽。花期6~8月，果期8~10月。生于山坡、河岸、草地、潮湿的地方。见于树木园。

路边青 (水杨梅) *Geum aleppicum* Jacq.
蔷薇科 Rosaceae　路边青属

　　多年生草本。茎直立，被开展粗硬毛。基生叶为大头羽状复叶，通常有小叶 2 ~ 6 对，顶生小叶最大，菱状广卵形，叶片及叶柄疏生粗硬毛；茎生叶羽状复叶，向上小叶逐渐减少。花序顶生，疏散排列；花瓣黄色，比萼片长；萼片卵状三角形，副萼片狭小，比萼片短 1 倍多，外面被柔毛。聚合果倒卵球形，瘦果被长硬毛，花柱宿存顶端有小钩。花果期 7 ~ 10 月。

　　生于山坡草地、河滩及林缘，广布北半球温带及暖温带。见于金山。

委陵菜属 *Potentilla* L.
蔷薇科 *Rosaceae*

　　多年生草本。稀为一年生草本或灌木。叶为奇数羽状复叶或掌状复叶。花通常两性，单生、聚伞花序或聚伞圆锥花序；萼筒下凹，多呈半球形，萼片5，镊合状排列，副萼片5，与萼片互生；花瓣5，通常黄色；雄蕊通常20枚；雌蕊多数，着生在微凸起的花托上，彼此分离；每心皮有1胚珠。瘦果多数，着生在干燥的花托上，萼片宿存。

1. 花常单生。

2. 三出或掌状复叶。

3. 基生叶为三出复叶。

4. 植株被柔毛；叶片上下皆被柔毛，边缘具深齿

　　…………… 9. 绢毛匍匐委陵菜　*Potentilla reptans* L. var. *sericophylla* Franch.

4. 植株幼时被毛，老茎毛脱落；叶片近光滑，边缘具规则的钝锯齿

　　…………………………………… 10. 等齿委陵菜 *Potentilla simulatrix* Wolf

3. 基生叶为掌状复叶，小叶 5，稀为 3，幼时被毛，成熟后渐脱落，边缘具不整齐的深锯齿 …………………… 5. 匍枝委陵菜 *Potentilla flagellaris* Willd.

2. 羽状复叶，小叶 7 ~ 17 枚。

5. 一、二年生草本，无匍匐茎；小叶 7 ~ 13　… 12. 朝天委陵菜 *Potentilla supina* L.

5. 多年生草本，有长匍匐茎；小叶 13 ~ 17　………… 2. 蕨麻 *Potentilla anserina* L.

1. 花常多数，成疏或密的顶生或腋生聚伞花序。

6. 羽状复叶顶生的三小叶发达，与侧生小叶远离。

7. 不具根茎，植株近光滑；小叶下面近无毛；瘦果褐色；生岩石缝隙

　　………………………… 1. 皱叶委陵菜　*Potentilla ancistrifolia* Bge.

7. 显著具横走根茎，植株被柔毛；小叶两面皆具柔毛；瘦果黄白色；生于草坡湿地

　　………………………… 6. 莓叶委陵菜　*Potentilla fragarioides* L.

6. 羽状复叶顶生小叶和侧生小叶同等发达，排列整齐；小叶下面密被灰白色绒毛。

8. 小叶边缘有钝锯齿；全株密生白色绒毛 ……… 4. 翻白草 *Potentilla discolor* Bge.

8. 小叶羽状分裂。

9. 小叶羽状中裂至深裂；小叶密生白色绒毛 …… 3. 委陵菜 *Potentilla chinensis* Ser.

9. 小叶羽状深裂至全裂。

10. 一年生草本，根茎细弱；小叶排列整齐，裂片线性

　　………………………… 7. 多茎委陵菜　*Potentilla multicaulis* Bge.

10. 多年生草本，根茎木质化；小叶排列不很整齐。

11. 植株具长柔毛；小叶裂片线状披针形，先端圆钝

　　………………… 11. 西山委陵菜 *Potentilla sischanensis* Bge. ex Lehm.

11. 植株疏被柔毛；小叶裂片线形，先端渐尖　………………………………

　　………………………… 8. 多裂委陵菜 *Potentilla multifida* L.

12. 朝天委陵菜　*Potentilla supina* L.　见于鹫峰、金山、寨尔峪。

蕨麻（鹅绒委陵菜）*Potentilla anserina* L.
蔷薇科 Rosaceae　委陵菜属

　　多年生草本。茎匍匐，外被疏柔毛或脱落几无毛。基生叶为间断羽状复叶，有小叶6～11 对。小叶通常椭圆形，上面绿色，被疏柔毛或脱落几无毛，下面密被紧贴银白色绢毛。单花腋生；萼片三角卵形，副萼片椭圆披针形，与副萼片近等长或稍短；花瓣黄色，倒卵形，比萼片长 1 倍。花果期 6～8 月。

　　生于河岸、路边、山坡草地及草甸。见于金山、寨尔峪。

委陵菜 *Potentilla chinensis* Ser.
蔷薇科 Rosaceae　委陵菜属

　　多年生草本。花茎直立，被稀疏短柔毛及白色绢状长柔毛。基生叶为羽状复叶，有小叶5～15对；小叶上面绿色，下面被白色绒毛，沿脉被白色绢状长柔毛，茎生叶与基生叶相似，唯叶片对数较少。伞房状聚伞花序；萼片三角卵形，副萼片带形，比萼片短约1倍且狭窄，外面被短柔毛及少数绢状柔毛；花瓣黄色，宽倒卵形，顶端微凹。花果期4～10月。

　　生于山坡草地、沟谷、林缘、灌丛或疏林下。见于鹫峰、萝芭地、金山、寨尔峪。

多裂委陵菜 (细裂委陵菜) *Potentilla multifida* L.
蔷薇科 Rosaceae　　委陵菜属

　　多年生草本。花茎被紧贴或开展柔毛。基生叶羽状复叶，有小叶 3～5 对，稀达 6 对；茎生叶 2～3，与基生叶形状相似。花序为伞房状聚伞花序，花后花梗伸长疏散；萼片三角状卵形，副萼片椭圆披针形，比萼片略短或近等长；花瓣黄色，倒卵形，长不超过萼片 1 倍。瘦果平滑或具皱纹。花期 5～8 月。

　　生于山坡草地、沟谷及林缘。见于金山、寨尔峪。

绢毛匍匐委陵菜 *Potentilla reptans* var. *sericophylla* Franch.
薔薇科 Rosaceae　委陵菜属

　　多年生匍匐草本。匍匐枝，节上生不定根，被稀疏柔毛或脱落几无毛。叶为三出掌状复叶，小叶下面及叶柄伏生绢状柔毛，稀脱落被稀疏柔毛。单花自叶腋生或与叶对生，被疏柔毛；萼片卵状披针形，副萼片长椭圆形，与萼片近等长；花瓣黄色，宽倒卵形，比萼片稍长。瘦果黄褐色，卵球形。花果期4～9月。

　　生于山坡草地、渠旁、溪边灌丛中及林缘。见于金山。

等齿委陵菜 *Potentilla simulatrix* Wolf

蔷薇科 Rosaceae　委陵菜属

多年生匍匐草本。匍匐枝纤细，被长柔毛。基生叶为三出掌状复叶，叶柄被短柔毛及长柔毛，小叶几无柄。单花自叶腋生，花梗纤细，被短柔毛及疏柔毛；萼片卵状披针形，副萼片长椭圆形，几与萼片等长，稀略长；花瓣黄色，倒卵形。瘦果有不明显脉纹。花果期 4～10 月。

生于林下溪边阴湿处。见于鹫峰。

西山委陵菜 *Potentilla sischanensis* Bge. ex Lehm.
蔷薇科 Rosaceae　委陵菜属

　　多年生草本。花茎丛生，直立或上升。基生叶为羽状复叶，有小叶 3～5 对，稀达 8 对；小叶上面绿色，被稀疏长柔毛，下面密被白色绒毛；茎生叶极不发达，掌状或羽状 3～5 全裂。聚伞花序疏生；萼片卵状披针形或三角状卵形，副萼片狭窄；花瓣黄色，倒卵形。瘦果卵圆形，成熟后有皱纹。花果期 4～8 月。

　　生于干旱山坡、黄土丘陵、草地及灌丛中。见于萝芭地。

朝天委陵菜 *Potentilla supina* L.
薔薇科 Rosaceae　委陵菜属

　　一二年生草本。茎平展，上升或直立，被疏柔毛或脱落几无毛。基生叶羽状复叶，有小叶 2~5 对；小叶两面绿色，被稀疏柔毛或脱落几无毛。伞房状聚伞花序；萼片三角卵形，副萼片长椭圆形，比萼片稍长或近等长；花瓣黄色，倒卵形；花柱近顶生，基部乳头状膨大。瘦果长圆形，表面具脉纹。花果期 3~10 月。

　　生于田边、荒地、河岸沙地、草甸、山坡湿地。见于鹫峰、金山、寨尔峪。

毛花绣线菊(绒毛绣线菊) *Spiraea dasyantha* Bge.
蔷薇科 Rosaceae　绣线菊属

　　落叶灌木。小枝灰褐色，呈明显的"之"字形弯曲。叶片菱状卵形，边缘自基部 1/3 以上有深刻锯齿，下面密被白色绒毛；叶柄密被绒毛。伞形花序具总梗，密被灰白色绒毛，具花 10～20 朵；花萼及萼筒密被白色绒毛；花瓣白色，宽倒卵形；雄蕊 20～22；子房具白色绒毛，花柱比雄蕊短。蓇葖果开张，萼片多数直立开张。花期 5～6 月，果期 7～8 月。
　　生于向阳干燥坡地。见于鹫峰、树木园、萝芭地、寨尔峪。

蔷薇科
Rosaceae

蔷薇科
Rosaceae

土庄绣线菊（柔毛绣线菊）
Spiraea pubescens Turcz

土庄绣线菊(柔毛绣线菊) *Spiraea pubescens* Turcz
蔷薇科 Rosaceae　绣线菊属

　　落叶灌木。小枝灰褐色；冬芽近球形。叶片菱状卵形，边缘自中部以上有深刻锯齿，有时 3 裂，上面有稀疏柔毛，下面被灰色短柔毛；叶柄被短柔毛。伞形花序具总梗，花梗无毛；萼筒及萼片外面无毛，内面有灰白色短柔毛；花瓣白色；雄蕊 25～30，约与花瓣等长；子房几无毛。蓇葖果开张，仅在腹缝微被短柔毛。花期 5～6 月，果期 7～8 月。
　　以花序无毛区别于毛花绣线菊。
　　生于干燥岩石坡地、向阳或半阴处、杂木林内。见于鹫峰、树木园、萝芭地、金山、寨尔峪。

蔷薇科
Rosaceae

胡颓子科
Elaeagnaceae

牛奶子
Elaeagnus umbelata Thunb.

牛奶子 *Elaeagnus umbelata* Thunb.
胡颓子科 Elaeagnaceae 胡颓子属

　　落叶灌木。小枝常具刺，密被银白色鳞片。叶长卵形至披针形，先端钝尖，基部楔形或圆形，两面被白色鳞片；侧脉明显，5~7对。花黄白色，芳香，2~7朵簇生于新枝基部；花被漏斗形，上部4裂；雄蕊4；花柱直立。果球形，被白色鳞片，成熟时红色。花期4~5月，果期7~8月。
　　产于长江以北地区。见于树木园。

鼠李科
Rhamnaceae

锐齿鼠李 *Rhamnus arguta* Maxim.
鼠李科 Rhamnaceae　鼠李属

灌木或小乔木。树皮灰褐色。小枝常对生或近对生，暗紫色或紫红色，光滑无毛，枝端有时具针刺。顶芽较大，长卵形，紫黑色，具数个鳞片，鳞片边缘具缘毛。叶薄纸质或纸质，近对生或对生，在短枝上簇生，卵状心形或卵圆形，稀近圆形或椭圆形，顶端钝圆或突尖，基部心形或圆形，边缘具密锐锯齿。花单性，雌雄异株，4 基数，具花瓣；雄花 10～20 个簇生于短枝顶端或长枝下部叶腋；雌花数个簇生于叶腋，子房球形，3～4 室。核果球形或倒卵状球形，成熟时黑色；种子矩圆状卵圆形，淡褐色。花期 5～6 月，果期 6～9 月。

生于山坡灌丛中。见于萝芭地。

圆叶鼠李 *Rhamnus globosa* Bge.
鼠李科 Rhamnaceae　　鼠李属

　　灌木，稀小乔木。小枝对生或近对生，灰褐色，顶端具针刺，幼枝和当年生枝被短柔毛。叶纸质或薄纸质，对生或近对生，稀兼互生，或在短枝上簇生，近圆形、倒卵状圆形或卵圆形，稀圆状椭圆形，顶端突尖或短渐尖，稀圆钝，基部宽楔形或近圆形，边缘具圆齿状锯齿，叶柄被密柔毛；托叶线状披针形，宿存，有微毛。花单性，雌雄异株，通常数个至 20 个簇生于短枝端或长枝下部叶腋，4 基数，有花瓣，花萼和花梗均有疏微毛。核果球形或倒卵状球形，成熟时黑色；种子黑褐色，有光泽。花期 4~5 月，果期 6~10 月。

　　生于中海拔山坡、林下或灌丛中。见于树木园、萝芭地、金山、寨尔峪。

小叶鼠李 *Rhamnus parvifolia* Bge.

鼠李科 Rhamnaceae　鼠李属

　　灌木。小枝对生或近对生，灰褐色，顶端具针刺，幼枝和当年生枝被短柔毛。叶纸质或薄纸质，对生或近对生，或在短枝上簇生，近圆形、倒卵状圆形或卵圆形，稀圆状椭圆形，顶端突尖或短渐尖，稀圆钝，基部宽楔形或近圆形，边缘具圆齿状锯齿，叶柄被密柔毛；托叶线状披针形，宿存，有微毛。花单性，雌雄异株，通常数个至20个簇生于短枝端或长枝下部叶腋，4基数，有花瓣，花萼和花梗均有疏微毛。核果球形或倒卵状球形，成熟时黑色；种子黑褐色，有光泽。花期4~5月，果期6~10月。

　　生于山坡、林下或灌丛中。见于鹫峰、树木园、萝芭地、金山、寨尔峪。

冻绿 * *Rhamnus utilis* Decne
鼠李科 Rhamnaceae　鼠李属

灌木或小乔木。幼枝无毛，小枝对生或近对生，褐色或红褐色，稍平滑，枝顶端常有大的芽而不形成刺，或有时仅分叉处具短针刺；顶芽及腋芽较大，卵圆形，鳞片淡褐色，有明显的白色缘毛。叶纸质，对生或近对生，或在短枝上簇生，宽椭圆形或卵圆形，边缘具圆齿状细锯齿，齿端常有红色腺体。花单性，雌雄异株，4 基数，有花瓣。核果球形，黑色；种子卵圆形，黄褐色。花期5~6月，果期7~10月。

生于山坡、林下、灌丛或林缘和沟边阴湿处。见于树木园（引栽）。

枣 *Ziziphus jujuba* Mill.
鼠李科 Rhamnaceae　枣属

　　落叶小乔木。树皮褐色或灰褐色；有长枝，短枝和无芽小枝（即新枝）比长枝光滑，紫红色或灰褐色，呈"之"字形曲折，具2个托叶刺，粗直，短刺下弯，短枝短粗，矩状，自老枝发出；当年生小枝绿色，下垂。叶纸质，卵形，卵状椭圆形，顶端钝或圆形，稀锐尖，具小尖头，基部稍不对称，近圆形，边缘具圆齿状锯齿，基生三出脉。花黄绿色，两性，5基数，无毛，具短总花梗；花瓣倒卵圆形，基部有爪，与雄蕊等长；花盘厚，肉质，圆形，5裂；子房下部藏于花盘内，与花盘合生，2室，每室有1胚珠。核果矩圆形或长卵圆形，成熟时红色，后变红紫色，中果皮肉质，厚，味甜，核顶端锐尖，基部锐尖或钝；种子扁椭圆形。花期5~7月，果期8~9月。

　　广为栽培。见于树木园、寨尔峪。

酸枣 *Ziziphus jujuba* var. *spinosa* Huex H. F. Chow
鼠李科 Rhamnaceae 枣属

　　枣的变种，常为灌木。叶较小。核果小，近球形或短矩圆形，具薄的中果皮，味酸，核两端钝。花期6~7月，果期8~9月。

　　常生于向阳、干燥山坡、丘陵、岗地或平原。见于鹫峰、树木园、萝芭地、金山、寨尔峪。

刺榆 *Hemiptelea davidii* (Hance) Planch.
榆科 Ulmaceae 刺榆属

落叶小乔木。树皮暗灰色，深纵裂。小枝被白色短柔毛，具坚硬长枝刺；冬芽卵圆形，常 3 个聚生叶腋。叶互生，椭圆形至长椭圆形，无毛，叶缘具单锯齿，羽状脉。花两性或单性同株，1~4 朵簇生于当年生枝叶腋；单被花，萼 4~5 裂，雄蕊常 4，子房上位，花柱 2 裂。小坚果斜卵圆形，果翅位于果上半部，歪斜呈鸡冠状，基部有宿萼。花期 4~5 月，果期 5~6 月。

常见于坡地、次生林中。见于树木园。

黑榆 *Ulmus davidiana* Planch.
榆科 Ulmaceae　榆属

　　落叶乔木。小枝有时具木栓层；冬芽卵圆形，芽鳞背面被覆部分有毛。叶倒卵形或基部歪斜，脉腋常有簇生毛，边缘具重锯齿。花在去年生枝上排成簇状聚伞花序。翅果倒卵形，果翅通常无毛，果核部分常被密毛，位于翅果中上部或上部，宿存花被无毛，裂片4。花果期4~5月。

　　生于河岸、溪旁、沟谷山麓及排水良好的冲积地和山坡。见于树木园、萝芭地、金山。

春榆 *Ulmus davidiana* var. *japonica* (Rehd.) Nakai
榆科 Ulmaceae　榆属

乔木。枝条有时具木栓质翅。叶互生，倒卵状椭圆形或椭圆形，边缘具重锯齿，侧脉 8~16 对，叶两面均被毛，有时毛脱落而较平滑。花先叶开放，簇生于去年枝的叶腋。翅果倒卵形，无毛；种子位于果实的上部，上端接近凹缺处。花期 4~5 月，果期 5~6 月。

生于河岸、溪旁、沟谷山麓及排水良好的冲积地和山坡。见于树木园、萝芭地、寨尔峪。

与原变种的区别为：果核无毛，树皮颜色较深。

欧洲白榆 *Ulmus laevis* Pall.
榆科 Ulmaceae　榆属

　　落叶乔木。树皮淡褐灰色。冬芽纺锤形。叶倒卵状宽椭圆形，一边楔形，一边半心脏形，边缘具重锯齿，齿端内。花常自花芽抽出，20~30余花排成密集的短聚伞花序。翅果卵形，果核部分位于翅果近中部。花果期4~5月。
　　原产于欧洲。见于树木园（引栽）。

大果榆 *Ulmus macrocarpa* Hance
榆科 Ulmaceae　榆属

　　落叶乔木。树冠近圆形；树皮深灰色，纵裂。小枝纤细，灰色，无毛或微被毛；冬芽球形。叶2列互生，椭圆形或长卵形，薄革质；羽状脉直达叶缘，侧脉9～16对；叶缘常具单锯齿，叶基部常稍偏斜。花两性，簇生于去年生枝叶腋，先叶开放；花萼4裂；雄蕊4，花丝细长，超出萼筒，花药紫色。翅果近圆形，近无毛，成熟时白色。花期3～4月，果期5～6月。

　　生于山坡、谷地及黄土丘陵中。见于鹫峰、树木园、萝芭地。

榆树 *Ulmus pumila* L.

榆科 Ulmaceae　榆属

　　落叶乔木。树冠近圆形；树皮深灰色，深纵裂。小枝纤细，灰色，无毛或微被毛；冬芽球形，小枝和芽2列排列。叶2列，长卵形至卵状椭圆形，薄革质；羽状脉直达叶缘；叶缘常具单锯齿，叶基部常稍偏斜。托叶早落。花两性，簇生于去年生枝叶腋，先叶开放；花萼4裂，雄蕊4，花丝细长，超出萼筒，花药紫色。翅果近圆形，近无毛，成熟时白色；种子位于果翅近中部。花期3~4月，果期5~6月。

　　生于山坡、丘陵及沙岗等处。见于鹫峰、树木园、萝芭地、寨尔峪。

葎草 *Humulus scandens* (Lour.) Merr.

大麻科 Cannabaceae　葎草属

缠绕草本。茎、枝、叶柄均具倒钩刺。叶纸质，肾状五角形，掌状 5 ~ 7 深裂，基部心脏形，表面粗糙，疏生糙伏毛，背面有柔毛和黄色腺体，边缘具锯齿。雄花小，黄绿色，圆锥花序；雌花序球果状，苞片纸质，三角形，顶端渐尖，具白色绒毛；

子房为苞片包围，柱头 2，伸出苞片外。瘦果成熟时露出苞片外。花期春夏，果期秋季。

常生于沟边、荒地、废墟、林缘边。见于鹫峰、萝芭地、金山、寨尔峪。

青檀[*] *Pteroceltis tatarinowii* Maxim

大麻科 Cannabaceae　青檀属

　　落叶乔木。幼树树皮光滑，老树干常凹凸不圆，树皮暗灰色，长片状剥裂，内皮灰绿色。小枝褐色。叶薄革质，卵状椭圆形，三出脉，基部以上有单锯齿。花单性同株；雄花簇生于叶腋，花萼5裂，雄蕊5，花药顶端有长毛，雌花单生。坚果周围具薄翅，果柄细长。花期4～5月，果期8～9月。

　　中国特产，常生于石灰岩山地。见于鹫峰、寨尔峪。

构树 Broussonetia *papyrifera*(L.) Vent.

桑科 Moraceae　构属

　　乔木。树皮暗灰色；小枝密生柔毛。叶螺旋状排列，广卵形至长椭圆状卵形，先端渐尖，基部心形，两侧常不相等，边缘具粗锯齿。花雌雄异株；雄花序为柔荑花序，粗壮；雌花序球形头状，苞片棍棒状，顶端被毛，花被管状，顶端与花柱紧贴；聚花果熟时橙红色，肉质。瘦果具与等长的柄，表面有小瘤，龙骨双层，外果皮壳质。花期4~5月，果期6~7月。

　　产于我国南北各地。见于鹫峰、树木园、寨尔峪。

家桑 *Morus alba* L.
桑科 Moraceae　桑属

　　乔木或为灌木。树皮厚，灰色，具不规则浅纵裂；冬芽红褐色，卵形，芽鳞覆瓦状排列，灰褐色，有细毛；小枝有细毛。叶卵形或广卵形，先端急尖、渐尖或圆钝，基部圆形至浅心形，边缘锯齿粗钝。花单性，腋生或生于芽鳞腋内，与叶同时生出；雄花序下垂；雌花无梗，花被片倒卵形，顶端圆钝，外面和边缘被毛。聚花果卵状椭圆形，成熟时红色或暗紫色。花期4~5月，果期5~8月。见于鹫峰、树木园、萝芭地、金山、寨尔峪。

鸡桑(小叶桑) *Morus australis* Poir.
桑科 Moraceae 桑属

灌木或小乔木。树皮灰褐色。冬芽大，圆锥状卵圆形。叶卵形，先端急尖或尾状，基部楔形或心形，边缘具粗锯齿，表面粗糙，密生短刺毛，背面疏被粗毛；托叶线状披针形，早落。雄花序被柔毛，雄花绿色，具短梗，花药黄色；雌花序球形，密被白色柔毛，雌花花被片长圆形，暗绿色。聚花果短椭圆形，成熟时红色或暗紫色。花期 3 ~ 4 月，果期 4 ~ 5 月。

常生于中海拔石灰岩山地或林缘及荒地。见于树木园（引栽）。

蒙桑 *Morus mongolica*(Bur.) Schneid.
桑科 Moraceae　桑属

　　小乔木或灌木。树皮灰褐色，纵裂。小枝暗红色，老枝灰黑色；冬芽卵圆形，灰褐色。叶长椭圆状卵形，先端尾尖，基部心形，边缘具三角形单锯齿，齿尖有长刺芒，两面无毛；雄花序，雄花花被暗黄色，外面及边缘被长柔毛，花药2室，纵裂；雌花序短圆柱状。聚花果成熟时红色至紫黑色。花期3~4月，果期4~5月。

　　生于中海拔山地或林中。见于鹫峰、树木园、萝芭地。

水蛇麻 *Fatoua villosa* (Thunb.) Nakai.
桑科 Moraceae 　水蛇麻属

　　一年生草本。枝直立，纤细，少分枝或不分枝，幼时绿色后变黑色，微被长柔毛。叶膜质，卵圆形至宽卵圆形，先端急尖，基部心形至楔形，边缘锯齿三角形，微钝，两面被粗糙贴伏柔毛。花单性，聚伞花序腋生，雄花钟形；雌花花被片宽舟状，稍长于雄花被片，子房近扁球形，花柱侧生，丝状。瘦果略扁，具三棱，表面散生细小瘤体；种子 1 颗。花期 5~8 月。

　　多生于荒地或道旁，或岩石及灌丛中。见于鹫峰。

无花果 * *Ficus carica* L.

桑科 Moraceae　榕属

　　落叶灌木。多分枝；树皮灰褐色，皮孔明显；小枝直立，粗壮。叶互生，厚纸质，广卵圆形，长宽近相等，边缘具不规则钝齿。雌雄异株，雄花和瘿花同生于一榕果内壁，雄花生内壁口部；雌花花被与雄花同，子房卵圆形，光滑，花柱侧生，柱头2裂，线形。榕果单生叶腋，大而梨形，顶部下陷，成熟时紫红色或黄色，基生苞片3，卵形；瘦果透镜状。花果期5~7月。

　　原产于地中海沿岸，唐代传入我国。见于树木园。

柘树* *Cudrania tricupidata*(Carr.) Bur.
桑科 Moraceae　柘属

　　落叶灌木或小乔木。树皮灰褐色，小枝无毛，略具棱，有棘刺；冬芽赤褐色。叶卵形或菱状卵形，偶为三裂，先端渐尖，基部楔形至圆形，表面深绿色，背面绿白色，无毛或被柔毛。雌雄异株，雌雄花序均为球形头状花序，单生或成对腋生。聚花果近球形，肉质，成熟时橘红色。花期5~6月，果期6~7月。

　　生于中海拔阳光充足的山地或林缘。见于树木园。

艾麻 *Laportea cuspidata*(Wedd.) Friis
荨麻科 Urticaceae　艾麻属

　　多年生草本。根数条丛生，纺锤状，肥厚。叶近膜质至纸质，卵形，基部心形或圆形，有时近截形，边缘具粗大的锐牙齿。花序雌雄同株，雄花序圆锥状，生雌花序之下部叶腋，直立；雌花序长穗状，生于茎梢叶腋。瘦果卵形，歪斜，绿褐色，光滑。花期6~7月，果期8~9月。
　　生于山坡、林下或沟边。见于鹫峰。

透茎冷水花 *Pilea pumila*（L.）A. Gray

荨麻科 Urticaceae　冷水花属

　　一年生草本。茎肉质，直立。叶近膜质，先端渐尖，边缘除基部全缘外，其上有牙齿或牙状锯齿。花雌雄同株并常同序，雄花常生于花序的下部，花序蝎尾状，密集，雌花枝在果时增长。瘦果三角状卵形。花期 6 ~ 8 月，果期 8 ~ 10 月。

　　生于中高海拔山坡、林下或岩石缝的阴湿处。见于金山。

墙草 *Parietaria micrantha* Ledeb.
荨麻科 Urticaceae　墙草属

　　一年生铺散草本。茎上升平卧或直立，肉质，纤细，多分枝，被短柔毛。叶膜质，卵形或卵状心形，先端锐尖或钝尖，基部圆形或浅心形，基出脉3；叶柄纤细。花杂性，聚伞花序数朵，具短梗或近簇生状；雄蕊4，花丝纤细，花药近球形，淡黄色；柱头画笔头状。果实坚果状，卵形，黑色。花期6~7月，果期8~10月。

　　生于中高海拔山坡阴湿草地、墙上或岩石下阴湿处。见于鹫峰、寨尔峪。

蝎子草 *Girardinia cuspidata* Wedd.
荨麻科 Urticaceae　蝎子草属

　　一年生草本。叶膜质，宽卵形或近圆形，先端短尾状或短渐尖，基部近圆形、截形或浅心形，基出脉3。花雌雄同株，雌花序单个或雌雄花序成对生于叶腋；雄花序穗状。瘦果宽卵形，熟时灰褐色，有不规则的粗疣点。花期7~9月，果期9~11月。
　　生于林下沟边或住宅旁阴湿处。见于鹫峰、金山、寨尔峪。

细穗苎麻 *Boehmeria gracilis* C. H. Wright

荨麻科 Urticaceae 苎麻属

　　亚灌木或多年生草本。茎和分枝疏被短伏毛。叶对生，同一对叶近等大或稍不等大；叶片草质，圆卵形、菱状宽卵形或菱状卵形，顶端骤尖，基部圆形、圆截形或宽楔形。穗状花序单生叶腋，通常雌雄异株，有时雌雄同株；团伞花序；雄花无梗：花被片 4，船状椭圆形，雄蕊 4，雌花，花被纺锤形，果期呈菱状倒卵形。瘦果卵球形，基部有短柄。花期 6～8 月。

　　生于丘陵或低山山坡草地、灌丛中、石上或沟边。见于金山。

槲栎 *Quercus aliena* Bl.

壳斗科 Fagaceae　栎属

　　乔木。叶片倒卵形，叶缘具波状钝齿，叶背被灰棕色细绒毛，侧脉 10～15 对；叶柄明显。壳斗包围坚果 1/2，苞片卵状披针形，排列紧密。坚果椭圆形。花期（3）4～5 月，果期 9～10 月。

　　生于海拔 100～2000 米的向阳山坡。见于鹫峰、树木园、金山、寨尔峪。

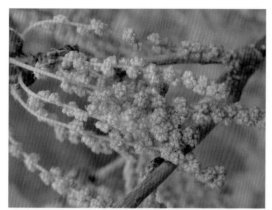

槲树 *Quercus dentata* Thunb.
壳斗科 Fagaceae　栎属

乔木。树皮深纵裂；小枝有灰黄色星状柔毛。叶倒卵形或长倒卵形，边缘有 4～10 对波状齿，幼时有毛，老时仅下面有灰色柔毛和星状毛，侧脉 4～10 对；叶柄极短。雄花序为柔荑状；壳斗杯形，包围坚果 1/2，苞片狭披针形，反卷，红棕色。坚果卵形至宽卵形。花期 4～5 月，果期 9～10 月。

生于海拔 50～2700 米的杂木林或松林中。见于鹫峰、树木园、萝芭地、寨尔峪。

辽东栎 *Quercus liaotungensis* Koidz.
壳斗科 Fagaceae　栎属

乔木。叶倒卵形，边缘有 5~7 对波状圆齿，侧脉 5~7 对；叶柄长 2~4 毫米。壳斗浅杯形，包围坚果约 1/3；苞片长三角形，扁平或微突起。坚果卵形。花期 4~5 月，果期9 月。

常生于阳坡、半阳坡，成小片纯林或混交林。见于金山、萝芭地。

以其壳斗苞片具有瘤状突起且叶脉数目较少（5~7 对），区别于蒙古栎 *Q. mongolica*。

蒙古栎 *Quercus mongolica* Fisch ex Turcz.
壳斗科 Fagaceae　栎属

　　乔木。叶倒卵形，先端钝或急尖，基部耳形，边缘具 8～9 对深波状钝齿，幼时叶脉有毛，侧脉 7～11 对。雄花成下垂的荑夷花序；壳斗杯形，包围坚果 1/3～1/2，壁厚；苞片小，三角形，背面有疣状突起。坚果卵形至长卵形。花期 4～5 月，果期 9 月。

　　常在阳坡、半阳坡形成小片纯林或与桦树等组成混交林。见于鹫峰、树木园、寨尔峪。

栓皮栎 *Quercus variabilis* Bl.
壳斗科 Fagaceae　栎属

乔木。树皮黑褐色，木栓层发达。叶矩圆状披针形，边缘具芒状锯齿，幼叶下面粉白色，密生星状细绒毛，老时毛宿存，侧脉 14～18 对。雄花序荑荑状，下垂；壳斗杯形，包围坚果 2/3 以上，苞片钻形，反曲。坚果球形至卵形；果脐隆起。花期 3～4 月，果期翌年 9～10 月。

通常生于海拔 800 米以下的阳坡。见于鹫峰、树木园、萝芭地、金山、寨尔峪。

栗(板栗) *Castanea mollissima* Bl.

壳斗科 Fagaceae　栗属

　　乔木。叶长椭圆形，边缘有芒状锯齿。雄花成直立的穗状花序。壳斗球形，密布锐刺，内包 1 ~ 3 个坚果。花期 4 ~ 6 月，果期 8 ~ 10 月。见于平地至海拔 2800 米山地，已广泛栽培。见于鹫峰、树木园、寨尔峪。

麻核桃 * *Juglans hopeiensis* Hu

胡桃科 Juglandaceae　**胡桃属**

乔木。树皮灰白色，有纵裂；嫩枝密被短柔毛。奇数羽状复叶，叶柄及叶轴被短柔毛，后来变稀疏，有 7~15 枚小叶；小叶长椭圆形至卵状椭圆形，顶端急尖或渐尖，基部歪斜、圆形，上面深绿色，无毛，下面淡绿色，脉上有短柔毛，边缘有不显明的疏锯齿或近于全缘。雄性葇荑花序轴有稀疏腺毛；雄花的苞片及小苞片有短柔毛，花药顶端有短柔毛；雌性穗状花序约具 5 雌花。果序具 1~3 个果实；果实近球状；内果皮壁厚具 2 空隙。

产于北京郊区南口和夏口、河北北部。见于寨尔峪。

核桃楸 *Juglans mandshurica* Maxim.
胡桃科 Juglandaceae　**胡桃属**

　　落叶乔木。奇数羽状复叶互生，小叶 9～17。花单性，雌雄同株；雄花序为下垂的菜夷花序；雌花被柔毛，花柱分成 2 枚羽毛状柱头，鲜红色。果序俯垂，通常具 5～7 个果实，果实核果状，球形，密被短柔毛。花期 5 月，果期 8～9 月。

　　分布于东北、华北各省区。多生于土质肥厚、湿润的沟谷两旁或山坡的阔叶林中。见于鹫峰、树木园、寨尔峪。

胡桃(核桃) *Juglans regia* L.

胡桃科 Juglandaceae　胡桃属

乔木。髓部片状。单数羽状复叶；小叶 5～11，椭圆状卵形至长椭圆形，上面无毛，下面仅侧脉腋内有 1 簇短柔毛；小叶柄极短或无。花单性，雌雄同株；雄葇荑花序下垂，雄蕊 6～30 枚；雌花序簇状，直立，通常有雌花 1～3 枚。果序短，俯垂，有果实 1～3；果实球形，外果皮肉质，不规则开裂，内果皮骨质，表面凹凸或皱折，有 2 条纵棱，先端有短尖头。花期 5 月，果期 10 月。

我国各地广泛栽培，品种繁多。见于树木园、萝芭地、金山、寨尔峪。

湖北枫杨[*] *Pterocarya hupehensis* Skan
胡桃科 Juglandaceae　枫杨属

乔木。枝条髓部片状；芽裸出，有柄。单数羽状复叶；叶柄无毛；小叶5～11，薄革质，长椭圆形至卵状椭圆形，上面有细小疣状突起及稀疏盾状腺体，中脉有稀疏星状短毛，下面有极小灰色鳞片，侧脉腋内有一束星状毛。花单性，雌雄同株；雄葇荑花序长，出自芽鳞腋内或叶痕腋内，单生，下垂；雌葇荑花序顶生，俯垂。果序下垂，果序轴近无毛；果实坚果状，果翅半圆形，革质。花期4～5月，果期8月。

分布在湖北、四川西部、陕西南部、贵州北部。见于树木园（引栽）。

枫杨[*] *Pterocarya stenoptera* C. DC.
胡桃科 Juglandaceae　枫杨属

落叶乔木。偶数羽状复叶互生，稀为奇数，小叶对生，叶轴具翅。花单生，雌雄同株，柔荑花序；雄花序具 1 枚花被片。坚果具 2 翅。花期 4～5 月，果期 8～9 月。
生于海拔 1500 米以下的沿溪涧河滩、阴湿山坡地的林中。见于树木园。

黑桦 *Betula dahurica* Pall.
桦木科 Betulaceae　桦木属

　　落叶大乔木。幼树树皮紫褐色，老树树皮黑褐色，呈小块状剥落；小枝有树脂点。单叶互生，卵圆形，被毛，叶柄短，被丝状毛。果序短圆柱形，直立或微下垂；果苞中裂片长圆状三角形；果翅宽为坚果的1/2。花期6～7月，果期7～8月。

　　生于山顶石岩上、潮湿阳坡、针叶林或杂木林下。见于树木园。

鹅耳枥 *Carpinus turczaninowii* Hance

桦木科 Betulaceae　　鹅耳枥属

　　落叶乔木。树皮灰褐色，较光滑，老时浅纵裂，常凹凸不平。小枝浅褐色或灰色。叶菱形、菱状卵形或卵状椭圆形，表面光亮，黄绿色，边缘具不规则尖重锯齿，叶背脉腋具白色垫状体。雄花序为荑夷花序，雄花无花被，每苞片具 3～13 雄蕊；雌花序生于枝顶，每苞片具 2 雌花，萼 6～10 齿裂。小坚果，外被叶状果苞，脉明显。花期 5～6 月，果期 7～9 月。

　　生于山坡或山谷林中，山顶及贫瘠山坡亦能生长。见于金山、萝芭地。

榛(平榛) *Corylus heterophylla* Fisch. ex Trautv.

桦木科 Betulaceae　榛属

　　落叶灌木。小枝、叶、果苞均无毛或疏被长柔毛。叶矩圆形至宽倒卵形，顶端凹缺或截形，中央具突尖，叶中部以上具浅裂或缺刻。果苞钟状，果苞裂片全缘，顶端坚果露出。花期5~7月，果期7~8月。

　　生于山坡灌丛或林下。见于鹫峰、树木园。

盒子草 *Actinostemma tenerum* Griff.

葫芦科 Cucurbitaceae　盒子草属

一年生攀缘草本。卷须单生，端2叉。叶有柄，互生，长三角形或卵状心形，边缘具齿。花小，单性，雌雄同株，雄花序腋生总状，雌花单生或者生于雄花序基部；花梗具关节；雌花萼5裂，裂片线状披针形；花冠5裂，裂片5披针形，具尾尖；雄蕊5，分离；雌花花萼及花冠同雄花；子房近球形，1室，具2~4下垂胚珠；花柱短，柱头2裂。蒴果，近中部盖裂；种子通常2枚，扁平，粗糙，熟时黑色。花期7~9月，果期9~11月。

多生于水边草丛中。见于金山。

葫芦 *Lagenaria siceraria*(Molina) Standl.
葫芦科 Cucurbitaceae　葫芦属

一年生攀缘草本。茎生软黏毛，卷须分2叉。叶柄顶端有两腺体；叶片心状卵形或肾圆形，不分裂或稍浅裂，边缘有小尖齿，两面均被肉毛。花白色，单生，花更长；雄花花托漏斗状，花萼裂片披针形；花冠裂片皱波状，被柔毛或黏毛；雄蕊8；雌花子房中间缢细，密生软黏毛；花柱粗短，柱头3，膨大，2裂。瓠果大，中间缢细，下部和上部膨大，成熟后果皮变木质；种子白色。花期6～7月，果期8～9月。

产于世界热带到温带地区，各地栽培。见于鹫峰。

栝楼(瓜蒌,瓜楼) *Trichosanthes kirilowii* Maxim.
葫芦科 Cucurbitaceae　栝楼属

　　多年生攀缘草本。块茎肥厚，圆柱状，灰黄色。茎多分枝，无毛，有棱槽；卷须 2～5 分枝。叶轮廓近圆形，常掌状 3～7 中裂或浅裂，边缘有较大的疏齿或缺刻状，表面散生微硬毛。花单性，雌雄异株，雄花 3～8 朵，顶生总梗端，有时具单花；雌花单生；苞片倒卵形或宽卵形，边缘有齿，花萼 5 裂，裂片披针形，全缘；花冠白色，5 深裂，裂片倒卵形，顶端和边缘分裂成流苏状；雄蕊 5，花丝短，有毛，花药靠合；雌花子房下位卵形，花柱 3 裂。果卵圆形至近球形，黄褐色，光滑。花期 7～8 月，果期 9～10 月。

　　原产于我国，北京栽培。见于鹫峰。

南瓜 *Cucurbita moschata*(Duch.) Poir.
葫芦科 Cucurbitaceae 南瓜属

　　一年生蔓生草本。茎长达数米，粗壮，有棱沟，被短硬毛；卷须分3～4叉。单叶互，叶片心形或宽卵形，5浅裂或有5角，稍柔软，两面密被茸毛，沿边缘及叶面上常有白斑，具不规则锯齿。花单生，雌雄同株；雄花花托短，花萼裂片线性，顶端扩大成叶状；花冠钟状，黄色，5中裂，裂片外展，具皱纹，雄蕊3，花药靠合；雌花花萼裂片显著叶状，子房圆形，1室；花柱短，柱头3，膨大，2裂。瓠果扁球形、壶形或圆柱形，橙黄色而带红色或绿色，表面有纵沟和隆起；种子卵形，灰白色。花期5～7月，果期7～9月。

　　原产于亚洲南部，世界各地栽培。见于鹫峰、萝芭地。

丝瓜 *Luffa cylindrical*(L.) Reom.
葫芦科 Cucurbitaceae 丝瓜属

一年生攀缘草本。卷须稍被毛，2～4 分叉。叶三角形、近圆形或宽卵形，通常掌状 5 裂，裂片成三角形，先端渐尖或端尖，边缘有小锯齿。花单性，雌雄同株；雄花花梗上无盾状苞片，成总状花序；花冠黄色，辐状，雄花萼筒短，花药不强固结合。瓠果，细长，柱状，无棱，微被柔毛，不开裂。花果期夏、秋季。

产于印度，我国普遍栽培。见于鹫峰、寨尔峪。

西瓜 *Citrullus lanatus*(Thunb.) Mansfeld

葫芦科 Cucurbitaceae　西瓜属

　　一年生蔓生草本。全株被长柔毛，卷须2分叉。叶宽卵形至卵状长椭圆形，3~5深裂，裂片再羽状或2回羽状浅裂至深裂，灰绿色。花单生，花托宽钟状；花冠裂片全缘，辐状，黄色；萼片小，全缘，直立；雄花单生，花梗上无盾状苞片，雄蕊3，花药弯曲。瓠果，大型，长椭圆形，果肉主要为其胎座，多汁。花果期夏季。

　　原产于非洲热带地区。全世界温带地区广为栽培。见于鹫峰。

赤瓟 *Thladiantha dubia* Bge.

葫芦科 Cucurbitaceae　赤瓟属

　　多年生攀缘草本。具块茎；茎少分枝，有纵棱槽，被硬毛；卷须不分枝或 2 叉，与叶对生。叶片卵状心形，多不分裂，边缘具齿。花单性，雌雄异株；雄花成总状或圆锥花序，少单生，有或无苞片；雌花单生，无苞片；花萼钟状，5 裂；花冠钟状，5 裂，裂片反折，全缘；雄蕊 5，花丝基部成近对靠合，一枚分离；花药通直，有半球形的退化雄蕊；雌花子房长椭圆形；花柱 3 深裂，柱头 3，肾形，有 5 枚退化雄蕊；胚珠多数，水平生。浆果，不开裂。花期 6 ~ 8 月，果期 8 ~ 10 月。

　　常生于低海拔山坡、河谷及林缘湿处。见于鹫峰。

假贝母　*Bolbostemma paniculatum*(Maxim.) Franq.
葫芦科 Cucurbitaceae　假贝母属

　　多年生攀缘草本。鳞茎肥厚，肉质，白色，扁球形或不规则球形；茎细弱，无毛，卷须单一或分 2 叉。叶片轮廓心形或卵圆形，掌状 5 深裂，裂片再 3 ~ 5 浅裂，基部心形，两面被极短硬毛，基部小裂片顶端有 2 腺体。花单性，雌雄异株；花萼淡绿色，基部合生，上部 5 深裂；裂片卵状披针形；顶端有长丝状尾；花冠与花萼相似，淡绿色，裂片较宽，雄蕊 5，离生；雌花子房卵形或近球形，3 室，每室两胚珠；花柱 3，下部合生，2裂。蒴果，长圆形，平滑，成熟后盖裂，种子斜方形，棕黑色。花期 6 ~ 8 月，果期 8 ~ 9 月。

　　常生于阴山坡，现已广泛栽培。见于鹫峰、寨尔峪。

中华秋海棠 *Begonia grandis* subsp. sinensis（A. DC.）Irmsch.
秋海棠科 Begoniaceae　秋海棠属

　　草本。外形似金字塔。叶较小，椭圆状卵形至三角状卵形，先端渐尖，下面色淡，偶带红色，基部心形。花序较短，呈伞房状至圆锥状二歧聚伞花序；花小，雄蕊多数，整体呈球状。蒴果具 3 不等大之翅。

　　生于山谷阴湿岩石上、滴水的石灰岩边、疏林阴处、荒坡阴湿处以及山坡林下。见于金山、寨尔峪。

南蛇藤 *Celastrus orbiculatus* Tnunb.
卫矛科 Celastraceae　南蛇藤属

　　落叶藤状灌木。小枝光滑无毛，具稀而不明显的皮孔；腋芽小。叶通常阔倒卵形，近圆形或长方椭圆形，先端圆阔，具有小尖，基部阔楔形到近钝圆形，边缘具锯齿，两面光滑无毛或叶背脉上具稀疏短柔毛。聚伞花序腋生，间有顶生；雄花萼片钝三角形；花瓣倒卵椭圆形或长方形；花盘浅杯状，裂片浅，顶端圆钝；雌花花冠较雄花窄小，花盘稍深厚，肉质，退化雄蕊极短小；子房近球状。蒴果近球状。花期5~6月，果期7~10月。

　　生于中高海拔山坡灌丛。见于鹫峰、树木园、萝芭地、金山、寨尔峪。

卫矛 *Euonymus alatus* (Thunb.) Sieb.
卫矛科 Celastraceae　卫矛属

　　灌木。枝常具 2 ~ 4 列宽阔木栓翅；冬芽圆形，芽鳞边缘具不整齐细坚齿。叶卵状椭圆形、窄长椭圆形，边缘具细锯齿，两面光滑无毛。聚伞花序 1 ~ 3 花；花白绿色；花瓣近圆形；雄蕊着生花盘边缘处，花丝极短。蒴果 1 ~ 4 深裂，裂瓣椭圆状；种子椭圆状或阔椭圆状，种皮褐色或浅棕色，假种皮橙红色，全包种子。花期 5 ~ 6 月，果期 7 ~ 10 月。
　　全国各省区均产。生长于山坡、沟地边沿。见于树木园、萝芭地。

白杜(明开夜合) *Euonymus bungeanus* Maxim.
卫矛科 Celastraceae　卫矛属

　　小乔木。叶卵状椭圆形、卵圆形或窄椭圆形，先端长渐尖，基部阔楔形或近圆形，边缘具细锯齿，有时极深而锐利；叶柄通常细长。聚伞花序 3 至多花，花序梗略扁；花 4数，淡白绿色或黄绿色；雄蕊花药紫红色，花丝细长。蒴果倒圆心状，4 浅裂，成熟后果皮粉红色；种子长椭圆状，种皮棕黄色，假种皮橙红色，全包种子。花期 5～6 月，果期 9月。见于鹫峰、树木园、金山。

扶芳藤 * *Euonymus fortunei* (Turcz.) Hand. – Mazz.

卫矛科 Celastraceae　卫矛属

常绿藤本灌木。叶薄革质，椭圆形、长方椭圆形或长倒卵形，先端钝或急尖，基部楔形，边缘齿浅不明显；侧脉细微和小脉全不明显。聚伞花序 3～4 次分枝；花白绿色，4数；花盘方形，花丝细长，花药圆心形；子房三角锥状，四棱，粗壮明显。蒴果粉红色，果皮光滑，近球状；种子长方椭圆状，棕褐色，假种皮鲜红色，全包种子。花期 6 月，果期 10 月。见于树木园。

大叶黄杨[*]（冬青卫矛）*Euonymus japonicus* Thunb.
卫矛科 Celastraceae　卫矛属

　　灌木。小枝四棱，具细微皱突。叶革质，有光泽，先端圆阔或急尖，基部楔形，边缘
具有浅细钝齿。聚伞花序 5～12 花；花白绿色；花瓣近卵圆形。蒴果近球状。花期 6～7
月，果期 9～10 月。
　　本种最先于日本发现，我国北方广泛引入栽培。见于鹫峰、树木园。

酢浆草 *Oxalis corniculata* L.
酢浆草科 Oxalidaceae　酢浆草属

　　一年至多年生草本。茎柔弱，多分枝，常平卧，节上生不定根，被疏柔毛。掌状三出复叶，互生；小叶无柄，倒心形，先端凹入，基部宽楔形，两面被柔毛。花1至数朵组成腋生的伞形花序；花瓣5，倒卵形，黄色；雄蕊10，5长5短。蒴果近圆柱形，有5棱，被短柔毛，果梗平伸或向下反折。花期5~9月，果期6~10月。

　　生于田边、路旁、草丛中，极常见。见于鹫峰、树木园、金山、寨尔峪。

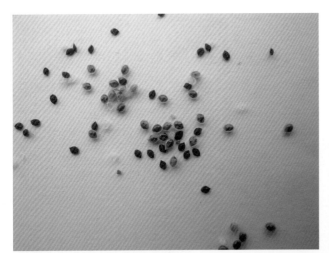

直酢浆草 *Oxalis stricta* L.

酢浆草科 Oxalidaceae　酢浆草属

　　一年至多年生草本。茎直立。掌状三出复叶。花黄色。蒴果圆柱形，果梗直立。花期 5 ~ 8 月，果期 6 ~ 9 月。

　　生于田边、路旁、草丛中，少见。见于金山。

蓖麻 *Ricinus communis* L.

大戟科 Euphorbiaceae 蓖麻属

一年生草本或草质灌木。小枝、叶和花序通常被白霜。叶轮廓近圆形，掌状 7 ~ 11 裂，裂缺几达中部，裂片卵状长圆形或披针形，边缘具锯齿；叶柄中空，顶端具 2 枚盘状腺体，基部具盘状腺体。总状花序或圆锥花序；雄蕊束众多；萼片卵状披针形；子房卵状，密生软刺。蒴果卵球形；有胚乳双子叶种子，斑纹淡褐色。

分布于我国热带、温带地区，多地栽培种植。见于萝芭地。

乳浆大戟 *Euphorbia esula* L.
大戟科 Euphorbiaceae　大戟属

　　多年生草本。不育枝常发自茎基部。叶条形至卵形；不育枝叶常为松针状，密生；花茎上叶疏生。多歧聚伞花序，通常具 5 伞梗；苞片宽心形；杯状小花序具 4 枚腺体，新月形，两端呈短角状；花柱成熟时分裂为 3 个分果爿。蒴果表面光滑，种子卵球状。花果期 4～10 月。

　　广布于全国多省。生于路旁、杂草丛、山坡、林下、河沟边。见于金山。

京大戟 *Euphorbia pekinensis* Boiss.
大戟科 Euphorbiaceae　大戟属

　　多年生草本。叶互生，常为宽条形；叶两面无毛或有时叶背具柔毛，中脉黄色。花序单生于二歧分枝顶端；总苞杯状；雄花多数，伸出总苞之外；子房幼时被较密的瘤状突起。蒴果球状，被稀疏的瘤状突起。种子长球状，暗褐色。花期5~8月，果期6~9月。
　　广布于我国多省，北方尤为普遍。生于山坡、灌丛、路旁和疏林内。见于鹫峰、金山。
　　相似种：乳浆大戟叶绿色，果平滑；大戟叶中脉黄色，果有疣状突起。

地锦草 *Euphorbia humifusa* Willd.
大戟科 Euphorbiaceae　大戟属

　　一年生草本。茎纤细，匍匐，近基部分枝，无毛。叶对生，矩圆形，边缘有细锯齿，两面无毛或有时具疏毛。杯状花序单生于叶腋，腺体4枚，具白色花瓣状附属物；子房三棱状卵形，光滑无毛。蒴果三棱状球形，无毛。花果期5～10月。

　　除海南外，分布于全国。生于田边、路旁。见于鹫峰、树木园、寨尔峪。

斑地锦 *Euphorbia maculata* L.
大戟科 Euphorbiaceae　大戟属

一年生草本。茎匍匐，被疏柔毛。叶对生，长椭圆形，边缘中部以下全缘，中部以上常具细小疏锯齿；叶面绿色，中部有一个紫色斑点。花序单生于叶腋；总苞狭杯；腺体4枚，边缘具白色附属物。蒴果被柔毛。种子卵状四棱形。花果期4～9月。

原产于北美。分布于我国多省。生于平原或低山坡的路旁。见于寨尔峪。

相似种：地锦草全株近无毛，叶无斑；斑叶地锦茎、果实具柔毛，叶常有斑。

地构叶 *Speranskia tuberculata*（Bunge）Baill.

大戟科 Euphorbiaceae　地构叶属

　　多年生草本。叶互生，纸质，叶片披针形或卵状披针形，顶端渐尖，边缘具疏离圆齿或有时深裂，齿端具腺体。总状花序，上部有雄花 20～30 朵，下部有雌花 6～10 朵；雄花萼裂片卵形，花瓣倒心形，白色，雄蕊 10 余枚；雌花花柱 3，各 2 深裂。蒴果扁球形，具瘤刺状突起。花果期 5～9 月。

　　分布于我国多省中高海拔地区。生于山坡、路旁、草丛中。见于鹫峰、金山、寨尔峪。

山麻杆 * *Alchornea davidii* Franch.
大戟科 Euphorbiaceae　山麻杆属

落叶灌木。嫩枝被短绒毛。叶薄纸质，阔卵形，边缘具粗锯齿或细齿，齿端具腺体。雌雄异株。雄花序穗状，1 ~ 3 个生于一年生枝已落叶腋部，呈葇荑花序状；苞片卵形，未开花时覆瓦状密生；雌花序总状，顶生；雄花花萼蕾时球形，无毛，雄蕊 6 ~ 8 枚；子房球形，被绒毛；花柱 3 枚，线状。蒴果近球形，具 3 圆棱，密生柔毛；种子卵状三角形，具小瘤体。花期 3 ~ 5 月，果期 6 ~ 7 月。

主要分布于南方中低海拔地区。生于沟谷或溪畔、河边的坡地灌丛中。

裂苞铁苋菜 *Acalypha supera* Forssk.

大戟科 Euphorbiaceae　铁苋菜属

一年生草本。全株被毛。叶膜质，卵形或阔卵形，上半部边缘具圆锯齿。雌雄花同序，花序 1～3 个腋生；雌花苞片 3～5 枚，掌状深裂，裂片长圆形，苞腋具 1 朵雌花；雄花密生于花序上部，呈头状或短穗状；子房陀螺状，顶部具一环齿裂。蒴果具疏生柔毛小瘤体；种子卵状。花期 5～12 月。

广布于我国多少中低海拔地区。生于山坡、路旁湿润草地或溪畔。见于鹫峰。

铁苋菜 *Acalypha australis* L.
大戟科 Euphorbiaceae　铁苋菜属

一年生草本。叶互生，薄纸质；叶片椭圆形至卵状菱形，基出三脉，两面被毛或无毛。花单性，雌雄同序，无花瓣；穗状花序腋生，苞片开展时肾形，合时如蚌壳，边缘有锯齿；雌花萼片3枚，子房3室，生于花序下端；雄花多数生于花序上端，淡红色。蒴果钝三棱状。花果期4~12月。

除西北地区，其他省份均有分布。生于平原或山坡较湿润耕地和田地。见于鹫峰、萝芭地、金山、寨尔峪。

相似种： 铁苋菜的花序具显著总梗，叶状苞片较大，不裂；短穗铁苋菜的花序无总梗或不显著，叶状苞片3~5深裂。

重阳木 * *Bischofia polycarpa* (H. Lév.)
Airy Shaw
叶下珠科 Phyllanthaceae　秋枫属

　　落叶乔木。树皮褐色，纵裂；树冠伞
形状，当年生枝绿色，皮孔明显，灰白。
全株均无毛。三出复叶；顶生小叶通常较
两侧的大，小叶片纸质，卵形，边缘具钝
细锯齿。花雌雄异株，与叶同放，组成总
状花序；花序轴细而下垂；雄花有明显的
退化雌蕊。果实浆果状，圆球形，熟时褐
红色。花期 4～5 月，果期 10～11 月。

　　产于秦岭以南中低海拔地区。生于山
地林中或平原栽培。见于树木园（引栽）。

雀儿舌头 *Leptopus chinensis*(Bunge)
Pojark.

叶下珠科 Phyllanthaceae　雀舌木属

　　落叶小灌木。幼枝绿或浅褐色，具棱，初被毛后无毛。叶卵形至披针形，叶柄纤细。花小，单性，雌雄同株，单生或 2～4 朵簇生于叶腋，萼片 5 枚，基部合生；雄花花瓣 5 枚，白色，腺体 5 个，顶端 2 裂，雄蕊 5 枚；子房 3 室，无毛，花柱 3 个，2 裂；蒴果球形或扁球形，下垂。花期 3～6 月，果期 7～9 月。

　　分布于我国多省。生于山坡或林缘、灌丛中。见于鹫峰、树木园、萝芭地、金山、寨尔峪。

一叶萩 *Flueggea suffruticosa*(Pall.) Baill.
叶下珠科 Phyllanthaceae　白饭树属

灌木。叶片纸质，椭圆形或长椭圆形，基部钝至楔形。花小，雌雄异株；雄花簇生于叶腋，萼片通常5个，全缘或具细齿；雌花花柱3个。蒴果三棱状扁球形，熟时淡红褐色，常单个或数个生于叶腋，下垂。花期3~8月，果期6~11月。

除西北外，分布于全国各省。生于山坡灌丛中或山沟、路边。见于树木园、萝芭地。

相似种：雀儿舌头叶基部圆形，有花瓣，雄花1~3朵散生；一叶萩叶基部楔形，无花瓣，雄花多朵簇生。

叶下珠 *Phyllanthus urinaria* L.
叶下珠科 Phyllanthaceae　叶下珠属

　　一年生草本。枝具翅状纵棱，上部被毛。叶片纸质，因叶柄扭转而呈羽状排列，长圆形或倒卵形，叶背近边缘有毛。花雌雄同株；雄花 2～4 朵簇生于叶腋，通常仅上面 1 朵开花；雄蕊 3；雌花单生于小枝中下部的叶腋内，黄白色；子房卵状，有鳞片状凸起。蒴果圆球状，表面具小凸刺。花期 4～6 月，果期 7～11 月。

　　分布于我国南北多省低海拔地区。生于旷野平地、旱田、山地路旁。见于鹫峰、树木园。

垂柳* *Salix babylonica* L.
杨柳科 Salicaceae　柳属

　　乔木。树冠开展而疏散。树皮灰黑色，不规则开裂；枝细，下垂，淡褐黄色，无毛。芽线形，先端急尖。叶狭披针形或线状披针形，先端长渐尖，基部楔形；叶柄有短柔毛；托叶仅生在萌发枝上，边缘有齿牙。花序先叶开放，或与叶同时开放；雄花序有短梗，轴有毛；雄蕊2，花药红黄色；雌花序有梗，轴有毛；子房椭圆形，花柱短。蒴果，带绿黄褐色。花期3~4月，果期4~5月。

　　为道旁、水边等绿化树种。见于树木园。

旱柳 *Salix matsudana* Koidz.

杨柳科 Salicaceae　柳属

落叶乔木。树冠广圆形。褐色，纵裂。大枝斜上，小枝淡黄色，细长，直立或斜展，无毛；无顶芽，侧芽仅具 1 芽鳞。披针形，叶基窄圆或楔形，背面苍白或带白色，具细腺齿，幼叶有丝状柔毛；叶柄有长柔毛。单性，雌雄异株；雄花雄蕊 2，腺体 2；雌花子房近无柄，柱头卵形，腺体 2。蒴果圆锥形，2 瓣裂；种子细小，多暗褐色，基部有簇毛。花期 4 月，果期 4~5 月。

为平原常见栽培树种。见于鹫峰、树木园、萝芭地、金山。

绦柳[*] *Salix matsudana* var. *pedunla* Schneid.
杨柳科 Salicaceae　柳属

　　本变形枝长而下垂，与垂柳 S. babylonica L. 相似。其区别为本变形的雌花有 2 腺体，而垂柳只有 1 腺体；本变形小枝黄色，叶为披针形，下面苍白色或带白色，而垂柳的小枝褐色，叶为狭披针形或线状披针形，下面带绿色。见于树木园。

龙爪柳* *Salix matsudana* var. *tortu-osa* (Vilm) Rehd.

杨柳科 Salicaceae　柳属

旱柳变型。与原变形主要区别，为枝卷曲。我国各地多栽于庭院做绿化树种。见于树木园。

黄花柳 *Salix sinica*(Hao)C. Wang et Z. F. Fang
杨柳科 Salicaceae 柳属

灌木或小乔木。小枝黄绿色至黄红色，有毛或无毛。叶卵状长圆形、宽卵形至倒卵状长圆形，先端急尖或有小尖，常扭转，基部圆形；托叶半圆形，先端尖。花先叶开放；雄花序椭圆形或宽椭圆形，无花序梗；雄蕊2，花丝细长，离生，花药黄色，长圆形；雌花序短圆柱形，有短花序梗。蒴果长可达9毫米。花期4月下旬~5月上旬，果期5月下旬~6月初。

生于山坡或林中。见于鹫峰、寨尔峪。

新疆杨[*] *Populus alba* var. *pyramidalis* Bge.
杨柳科 Salicaceae　杨属

　　银白杨变种。树冠窄圆柱形或尖塔形。落叶乔木。树皮灰白或青灰色，光滑少裂。萌条和长枝叶掌状深裂，基部平截；短枝叶圆形，有粗缺齿，侧齿几对称，基部平截，下面绿色几无毛。仅见雄株。

　　我国北方各省区常栽培，以新疆最为普遍。见于树木园。

青杨 *Populus cathayana* Rehd.
杨柳科 Salicaceae　杨属

　　落叶乔木。树冠宽卵形。幼树皮光滑，灰绿色，老时暗灰色，纵裂。小枝圆柱形，幼时橄榄绿色，后变橙黄色至灰黄色，无毛；芽长圆锥形，无毛，多黏质。叶卵形、椭圆状卵形或椭圆形，无毛，先端渐尖或骤宽楔形，基部圆形或浅心形，边缘具腺圆锯齿，背面绿白色；叶柄圆柱形，无毛。雌雄异株；柱头 2～4 裂；花序轴被毛。蒴果卵圆形，3～4瓣裂。花期 3～5 月，果期 5～7 月。

　　为北方常见树种。见于树木园、萝芭地。

山杨 *Populus davidiana* Dode
杨柳科 Salicaceae　杨属

　　落叶乔木。树冠阔卵形。灰绿色、黄绿色或灰白色，光滑，皮孔明显，老树干浅纵裂。小枝赤褐色，无毛，萌发枝被灰色绒毛；有顶芽。冬芽无毛或芽鳞边缘有白色绒毛，无黏液。叶芽长卵形，先端长尖，花序芽球形。近圆形或三角状卵圆形，顶端钝尖或短渐尖，基部圆形，叶缘具密波状浅齿；萌枝叶大，三角状卵形，背面被柔毛；叶柄侧扁。花单性，雌雄异株；雄花序长，花药紫红色；柱头带红色；花序轴被白绒毛。蒴果2瓣裂。花期3~4月，果期4~5月。见于鹫峰、萝芭地、金山、寨尔峪。

钻天杨[*] *Populus nigra* L．var．*italica*
（Moench）Koehne

杨柳科 Salicaceae　杨属

落叶乔木。树皮暗灰褐色，老时沟裂，黑褐色；树冠圆柱形。小枝圆，光滑，黄褐色或淡黄褐色，嫩枝有时疏生短柔毛。芽长卵形，先端长渐尖，淡红色，富黏质。长枝叶扁三角形，通常宽大于长，先端短渐尖，基部截形或阔楔形，边缘钝圆锯齿；短枝叶菱状三角形，或菱状卵圆形，先端渐尖，基部阔楔形或近圆形；叶柄上部微扁，顶端无腺点。雄花序长 4～8 厘米，花序轴光滑，雄蕊 15～30；雌花序长 10～15 厘米。蒴果2 瓣裂，先端尖，果柄细长。花期 4 月，果期 5 月。

我国长江、黄河流域各地广为栽培。见于鹫峰。

北京杨[*] *Populus beijingensis* W. Y. Hsu
杨柳科 Salicaceae　杨属

　　落叶乔木。树干通直；树皮灰绿色，渐变绿灰色，光滑；皮孔圆形或长椭圆形，密集，树冠卵形或广卵形。芽细圆锥形，先端外曲，淡褐色或暗红色，具黏质。长枝或萌枝叶，广卵圆形或三角状广卵圆形，先端短渐尖或渐尖，基部心形或圆形，边缘具波状皱曲的粗圆锯齿；叶柄侧扁。花期 3 月。

　　本种是中国林科院研究所 1956 年人工杂交而育成。见于树木园。

小叶杨[*] *Populus simonii* Carr.

杨柳科 Salicaceae　杨属

　　乔木。树皮幼时灰绿色，老时暗灰色，沟裂；树冠近圆形。幼树小枝及萌枝有明显棱脊，常为红褐色，后变黄褐色，老树小枝圆形，细长而密，无毛。芽细长，先端长渐尖，褐色，有黏质。叶菱状卵形、菱状椭圆形或菱状倒卵形，边缘平整，细锯齿，无毛。雄花序长2~7厘米，花序轴无毛，苞片细条裂，雄蕊8~9（25）；雌花序长2.5~6厘米；苞片淡绿色，裂片褐色，无毛，柱头2裂。果序长达15厘米；蒴果小，2（3）瓣裂，无毛。花期3~5月，果期4~6月。

　　沿溪沟可见。多数散生或栽植于四旁。见于树木园。

毛白杨[*] *Populus tomentosa* Carr.
杨柳科 Salicaceae　杨属

　　落叶乔木。树冠宽卵形。幼时灰绿色，老时灰白色，菱形皮孔明显；老树基部灰褐色，纵裂。灰褐色，嫩枝初被柔毛，后光滑无毛；有顶芽，芽无黏液，芽鳞被白色柔毛。叶芽扁长卵形，花序芽长卵形。长枝叶宽卵形或三角状卵形，先端短渐尖，基部截形或微心形，叶缘缺刻状或齿芽状粗齿，幼叶叶基部常具2红色腺体，背面密生绒毛，后渐脱落；短枝叶较小，卵形或三角状卵形。雌雄异株；雄花序密生长绒毛，花药红色；雌花苞片褐色，边缘有长睫毛，柱头鸡冠状2裂，粉红色。蒴果圆锥形，2瓣裂；种子细小，具毛。花期3月，果期4~5月。

　　中国特有树种。生于平原地区。见于树木园。

毛叶山桐子[*] *Idesia polycarpa* var. *vestita* Diels
杨柳科 Salicaceae　山桐子属

　　落叶乔木。叶卵形或心状卵形，先端渐尖或尾尖，叶基心形，具粗腺齿，下面密被柔毛，无白粉而为棕灰色，脉腋无丛毛，掌状 5 ~ 7 脉；下部有 2 ~ 4 紫红色瘤状腺体。花单性异株或杂性，黄绿色，组成顶生下垂圆锥花序，有长梗；萼片 5；无花瓣；雌花具退化雄蕊，子房 5，心皮 1 室，花柱 5。浆果球，熟时红色。花期 4 ~ 5 月，果期 10 ~ 11 月。
　　原产于我国中部及南部省份。见于树木园。

鸡腿堇菜 *Viola acuminata* Ledeb.
堇菜科 Violaceae　堇菜属

　　多年生草本。通常无基生叶。茎直立，通常2~4条丛生。叶片心形或心状三角形，基部心形，边缘具钝锯齿及短缘毛，两面密生褐色腺点，沿叶脉被疏柔毛。花淡紫色或近白色，具长梗；萼片线状披针形，先端渐尖，末端截形或有时具1~2齿裂，上面及边缘有短毛，具3脉；花瓣有褐色腺点，上方花瓣与侧方花瓣近等长，上瓣向上反曲，侧瓣里面近基部有长须毛，下瓣里面常有紫色脉纹；距通常直。蒴果椭圆形，通常有黄褐色腺点。花果期5~9月。

　　生于杂木林林下、林缘、灌丛、山坡草地或溪谷湿地等处。见于萝芭地。

裂叶堇菜 *Viola dissecta* Ledeb.
堇菜科 Violaceae　堇菜属

　　多年生草本。无地上茎。叶基生，叶片掌状 3～5 全裂，或近羽状深裂，裂片常成线形，叶基心形；花期叶柄近无翅，果期叶柄具狭翅，无毛。花为淡紫色，具紫色条纹；萼片 5，卵形或长圆状卵形，具 3 脉，边缘膜质，基部附属物小；花瓣 5，侧瓣内面不具须毛或稍有须毛；子房无毛，花柱基部细，柱头前端具短喙。蒴果，无毛，长圆状卵形或椭圆形至长圆形。花果期 4～6 月。

　　生于山坡草地、杂木林缘、灌丛下及田边、路旁等地。见于萝芭地。

北京堇菜 *Viola pekinensis*(Regel)W. Beck.
堇菜科 Violaceae   堇菜属

多年生草本。无地上茎，根茎短，绿色，无毛。叶心形，叶脉上被疏毛，叶缘具波状齿，先端常钝圆，叶基心形。花冠淡紫色；萼片5，卵状披针形，萼基部附属物短，齿状；花瓣5，侧瓣内面具须毛；子房无毛。蒴果，无毛。花期4~5月。

生于海拔500~1500米的阔叶林林下或林缘草地。见于寨尔峪。

球果菫菜 *Viola collina* Bess.
菫菜科 Violaceae　菫菜属

　　多年生草本。根状茎粗而肥厚，具结节，顶端常具分枝。叶均基生，呈莲座状；叶片宽卵形，基部弯缺，边缘具浅而钝的锯齿，两面密生白色短柔毛，果期叶片显著增大，基部心形；叶柄具狭翅，被倒生短柔毛。花淡紫色，具长梗；萼片长圆状披针形或披针形，具缘毛和腺体，基部的附属物短而钝；花瓣基部微带白色；子房被毛，花柱基部膝曲，常疏生乳头状凸起。蒴果球形，密被白色柔毛，成熟时果梗通常向下方弯曲，致使果实接近地面。花果期 5~8 月。

　　生于林下或林缘、灌丛、草坡、沟谷及路旁较阴湿处。

斑叶菫菜 *Viola variegata* Fisch. ex Link
菫菜科 Violaceae 菫菜属

多年生草本。无地上茎。叶基生，叶片圆形或广圆形，叶缘具圆齿，上面暗绿色或深绿，沿叶脉有白斑，形成苍白色的脉带，下面带紫红色，两面疏生或密生极短的乳头状毛。萼片常带紫色或淡褐色，卵状披针形，基部的附属物短。花瓣倒卵形，暗紫色或红紫色；子房扁球形，常无毛；花柱棍棒状，向上渐粗。蒴果，椭圆形至长圆形，无毛。花期4~8月，果期6~9月。

生于山坡草地、林下、灌丛中或阴处岩石缝隙中。见于金山。

紫花地丁 *Viola yedoensis* Makino
堇菜科 Violaceae　堇菜属

多年生草本。无地上茎。叶多数，基生，莲座状；叶片下部者通常较小，呈三角状卵形，先端圆钝，基部截形或楔形，稀微心形，边缘具较平的圆齿，果期叶片增大。萼片5，卵状披针形，边缘具膜质的狭边，基部附属物短。花瓣紫色，侧瓣无须毛或稍有须毛；子房无毛，花柱基部膝曲。蒴果，长圆形，无毛。花果期4月中下旬至9月。

生于田间、荒地、山坡、草丛、林缘或灌丛中。见于鹫峰、树木园、金山、寨尔峪。

阴地董菜 *Viola yezoensis* Maxim.
董菜科 Violaceae　董菜属

　　多年生草本。无地上茎。植株密被短毛。叶片广卵形或长卵形，先端钝或锐尖，叶基深心形；叶柄具狭翅。花白色，小苞片生于花梗中部；萼片卵状披针形，基部附属物较发达；花瓣侧脉内面无须毛或稍有须毛，子房无毛，花柱基部向前膝曲。蒴果，椭圆形。花期4～5月。

　　生于林下、山地灌丛间及山坡草地。见于萝芭地、金山。

野亚麻 *Linum stelleroides* Planch.
亚麻科 Linaceae　亚麻属

一年生或二年生草本。茎直立，圆柱形，基部木质化，有凋落的叶痕点。叶互生，线形、线状披针形或狭倒披针形，顶部钝、锐尖或渐尖，基部渐狭，无柄，全缘，两面无毛。单花或多花组成聚伞花序；萼片 5，绿色；花瓣 5，倒卵形；雄蕊 5 枚，与花柱等长，基部合生；子房 5 室，有 5 棱。蒴果球形或扁球形，室间开裂。种子长圆形。花期 6 ~ 9 月，果期 8 ~ 10 月。

生于中海拔山坡，路旁和荒山地。见于萝芭地。

牻牛儿苗 *Erodium stephanianum* Willd

牻牛儿苗科 Geraniaceae　牻牛儿苗属

　　多年生草本。茎多数，仰卧或蔓生，具节，被柔毛。叶对生，基生叶和茎下部叶具长柄，叶片轮廓卵形，基部心形。伞形花序腋生，明显长于叶，总花梗被开展长柔毛和倒向短柔毛，花期直立，果期开展，上部向上弯曲；雄蕊稍长于萼片，花丝紫色，雌蕊被糙毛，花柱紫红色。蒴果长约4厘米，密被短糙毛；种子褐色，具斑点。花期6~8月，果期8~9月。

　　生于山坡、农田边、沙质河滩地和草原凹地等。见于鹫峰、树木园、寨尔峪。

粗根老鹳草 *Geranium dahuricum* DC.
牻牛儿苗科 Geraniaceae　老鹳草属

多年生草本。茎多数，直立，具棱槽，假二叉状分枝。叶基生和茎上对生；基生叶和茎下部叶具长柄，叶片七角状肾圆形，掌状 7 深裂近基部。花序腋生和顶生，长于叶，密被倒向短柔毛，总花梗具 2 花；苞片披针形，萼片卵状椭圆形，花瓣紫红色，倒长卵形；雄蕊稍短于萼片，花丝棕色，花药棕色，雌蕊密被短伏毛。花期 7 ~ 8 月，果期 8 ~ 9 月。
生于海拔 3500 米以下的山地草甸或亚高山草甸。见于寨尔峪。

千屈菜 *Lythrum salicaria* L.

千屈菜科 Lythraceae　千屈菜属

多年生草本。茎直立，多分枝，四棱形。叶对生或三叶轮生，狭披针形，无柄，有时略抱茎。花序顶生，花数朵簇生于叶状苞片腋内，具短梗；花萼筒状，萼筒外具 12 条细棱，被毛，顶端具 6 齿，萼齿之间有尾状附属体；花瓣 6，紫色，生于萼筒上部；雄蕊12，6 长 6 短，排成 2 轮；子房上位。蒴果扁圆形包于萼内。花期 6~8 月，果期 7~9 月。生于河岸、湖畔、溪沟边和潮湿草地。见于鹫峰。

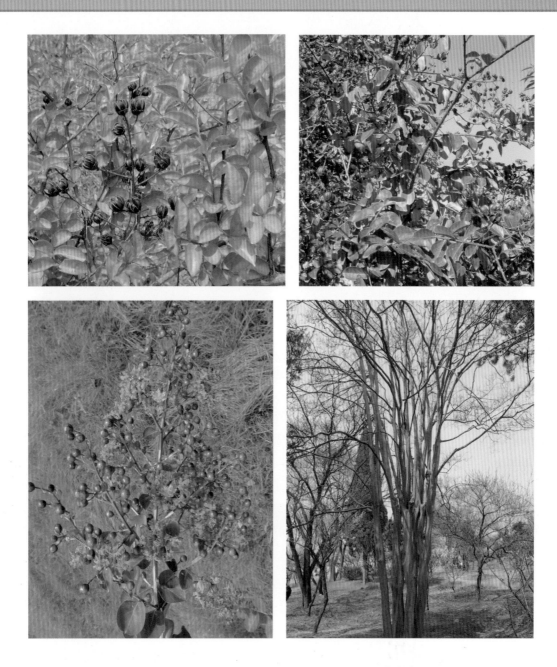

紫薇*Lagerstroemia indica* L.
千屈菜科 Lythraceae　紫薇属

　　落叶灌木或小乔木。树皮平滑，灰褐色。枝干多扭曲，小枝纤细，4 棱。叶互生或有时对生，椭圆形至长圆形，边缘全缘。顶生圆锥花序；萼外 6 裂；花瓣 6，多为鲜红色或粉红色，皱缩状，基部具长爪，雄蕊多数。蒴果木质，椭圆状球形；种子多数，先端有翅。花期 7～9 月，果期 9～12 月。

　　原产于亚洲，现广植于温带地区。见于树木园。

石榴 *Punica granatum* L.
千屈菜科 Lythraceae　石榴属

落叶灌木或乔木。枝顶常成尖锐长刺，幼枝具棱角，无毛，老枝近圆柱形。叶通常对生，纸质，矩圆状披针形，顶端短尖、钝尖或微凹，基部短尖至稍钝形，上面光亮，侧脉稍细密；叶柄短。花大；花瓣通常大，红色、黄色或白色。浆果近球形；种子多数，钝角形，红色至乳白色。

石榴是一种常见果树，我国南北都有栽培。见于树木园。

柳叶菜 *Epilobium hirsutum* L.

柳叶菜科 Onagraceae　柳叶菜属

　　多年生粗壮草本。茎生叶披针状椭圆形，稀狭披针形；下部叶对生，上部叶互生，叶片矩圆形至披针形，边缘具细锯齿，基部略抱茎，两面被长柔毛。花单生于上部叶腋；花瓣，紫色，宽倒卵形，顶端浅2裂；雄蕊8，短于雌蕊；子房下位，柱头4裂。蒴果长圆柱形，被短腺毛；种子倒卵状，顶端具很短的喙，深褐色。花期6~8月，果期7~9月。

　　广布于我国温带与热带省区。见于金山。

露珠草 *Circaea cordata*(Maxim.) Franch. et Sav.

柳叶菜科 Onagraceae　露珠草属

　　多年生粗壮草本。叶对生，卵形，边缘全缘或有疏锯齿。单总状花序顶生，花序轴密被短柔毛及短腺毛；花瓣2，白色，宽倒卵形，顶端2浅裂；雄蕊2，略短于花柱或与花柱近等长，子房下位。果实倒卵形至透镜形，外被钩状毛，2室，具2种子，背面压扁，基部斜圆形或斜截形。花期6~8月，果期7~9月。

　　生于排水良好的落叶林，稀见于北方针叶林。见于金山。

黄连木* *Pistacia chinensis* Bunge

漆树科 Anacardiaceae 黄连木属

　　落叶乔木。常具乳汁。树皮暗褐色，鳞片状剥落。小枝灰棕色，有柔毛；冬芽红色，有特殊气味。偶数羽状复叶，具 10～14 小叶，叶轴及叶柄被微柔毛；小叶近对生，披针形，先端渐尖，基部不对称，边缘全缘。花单性异株，圆锥花序腋生，先叶开花，雄花序密集，雌花序松散，均被微柔毛；花单被，无花瓣，有花盘。核果球形，略压扁，可育果实成熟为铜绿色，败育的为红色。花期 3～4 月，果期 9～11 月。

　　生于中高海拔的石山林中。见于鹫峰、树木园。

红叶（灰毛黄栌）*Cotinus coggygria* var. *cinerea* Engl.
漆树科 Anacardiaceae　黄栌属

　　落叶小乔木。树汁有臭味。树皮暗褐色，浅纵裂。小枝被绒毛，髓心黄褐色。叶互生，倒卵形，全缘，两面被灰色柔毛，背面尤甚；叶片秋季变红。顶生圆锥花序，被柔毛；花杂性，小，淡绿色，仅少数发育，不孕花花梗延长，被红色长柔毛，后变灰色；花5基数，花盘5裂，雄蕊5，心皮3。核果扁肾形，无毛。花期4～5月，果期6～7月。

　　原变种 *C. coggygria* var. *coggygria*，我国不产。与东欧产的原变种区别在于叶两面，尤其叶背显著被毛，花序被柔毛。

　　生于中高海拔的向阳山坡林中。为著名的观叶树种。见于鹫峰、树木园、萝芭地、金山、寨尔峪。

青麸杨 * *Rhus potaninii* Maxim.
漆树科 Anacardiaceae　盐肤木属

落叶乔木。具乳汁。树皮灰褐色，小枝无毛。奇数羽状复叶，小叶 3 ~ 5 对，叶轴无翅；小叶卵状长圆形，先端渐尖，基部多少偏斜，全缘。圆锥花序被微柔毛；花白色，花萼外面被微柔毛，边缘具细睫毛；花瓣卵状长圆形，两面被微柔毛，边缘具细睫毛，开花时先端外卷；花盘厚，无毛；子房密被白色绒毛。核果近球形，略压扁，密被具节柔毛和腺毛，成熟时红色。

生于中高海拔的山坡疏林或灌木中。见于树木园。

火炬树 * *Rhus typhina* L.
漆树科 Anacardiaceae　盐肤木属

　　落叶小乔木。具乳汁。枝叶均密生灰绿色柔毛。奇数羽状复叶，叶轴无翅，小叶 19 ~
23，长圆状披针形，边缘有锐锯齿。圆锥花序顶生；小花黄绿色，密生短柔毛，花基数 5。
核果密生红色短刺毛，聚生为紧密的火炬形果序，故名"火炬树"。
　　各区低山地区均有引种造林，现已逸生路旁、荒地。见于鹫峰、树木园、寨尔峪。

黄山栾树 * *Koelreuteria bipinnata* var. *integrifolia*(Merr.)T. Chen
无患子科 Sapindaceae　栾树属

乔木。皮孔圆形至椭圆形；枝具小疣点。叶平展，二回羽状复叶，纸质或近革质，斜卵形，顶端短尖至短渐尖，基部阔楔形或圆形，略偏斜。圆锥花序大型；花瓣4，长圆状披针形，雄蕊8枚，花丝被白色。蒴果椭圆形或近球形，具3棱，淡紫红色，老熟时褐色。花期7~9月，果期8~10月。

生于中高海拔山地疏林中。见于树木园（引栽）。

栾树 *Koelreuteria paniculata* Laxm.

无患子科 Sapindaceae　栾树属

落叶乔木或灌木。树皮厚，灰褐色至灰黑色，老时纵裂；皮孔小，灰至暗褐色；小枝具疣点，与叶轴、叶柄均被皱曲的短柔毛或无毛。叶丛生于当年生枝上，平展，一回、不完全二回或偶有为二回羽状复叶，对生或互生，纸质，卵形，边缘有不规则的钝锯齿，齿端具小尖头。聚伞圆锥花序；花淡黄色，稍芬芳。蒴果圆锥形，具3棱。花期6~8月，果期9~10月。

常栽培作庭园观赏树。见于鹫峰、树木园、萝芭地、金山、寨尔峪。

文冠果 * *Xanthoceras sorbifolium* Bunge
无患子科 Sapindaceae　文冠果属

　　落叶灌木或小乔木。小枝粗壮，褐红色，无毛，顶芽和侧芽有覆瓦状排列的芽鳞。小叶 4～8 对，膜质或纸质，披针形或近卵形，两侧稍不对称，顶端渐尖，基部楔形，边缘有锐利锯齿。花序先叶抽出或与叶同时抽出，两性花的花序顶生，雄花序腋生；花瓣白色，基部紫红色或黄色。蒴果；种子黑色而有光泽。花期春季，果期秋初。
　　野生于丘陵山坡等处，各地也常栽培。见于鹫峰、树木园。

美国梧桐[*]（一球悬铃木）*Platanus acerifolia*(Ait) Willd.

无患子科 Sapindaceae　悬铃木属

落叶大乔木。树皮光滑，大片块状脱落；嫩枝密生灰黄色绒毛；老枝秃净，红褐色。叶阔卵形；基部截形或微心形，上部掌状5裂。花通常4数。果枝有头状果序1~2个，常下垂。

原产于北美洲，现广泛被引种。见于鹫峰、树木园。

七叶树 * *Aesculus chinensis* Bunge
无患子科 Sapindaceae 七叶树属

　　落叶乔木。树皮灰褐色，较光滑。小枝粗壮，黄褐色；冬芽大形，有树脂。掌状复叶对生，有长柄，小叶 5~7，倒卵状椭圆形，顶端渐尖，基部楔形，叶缘有细锯齿，背面沿脉疏生毛；无托叶。圆锥花序塔形，直立；花杂性，雄花和两性花同株，白色，微带红晕，花萼 5 裂，不等大，花瓣 4，雄蕊 6。蒴果扁球形，顶端扁平，褐黄色，密被疣点。种子大，板栗状。花期 5 月，果期 9~10 月。

　　秦岭地区有野生；常栽培作行道树或庭院树。见于鹫峰、树木园。

茶条槭* *Acer tataricum* L. subsp. *ginnala*(Maxim.) Wesmael

无患子科 Sapindaceae 槭属

　　落叶小乔木。树皮粗糙、微纵裂。小枝无毛，皮孔椭圆形。冬芽细小，淡褐色。叶纸质，基部圆形，叶片长圆卵形，常较深的 3 ~ 5 裂；中央裂片狭长锐尖，各裂片的边缘均具不整齐的钝尖锯齿。伞房花序无毛；花杂性，雄全同株；花白色，萼片和花瓣各 5；雄蕊 8，与花瓣近等长，位于花盘内侧的边缘；子房密被长柔毛；柱头 2 裂。果实黄绿色，翅连同小坚果，张开近于直立或成锐角。花期 5 月，果期 10 月。

　　生于中低海拔的丛林中。见于鹫峰、树木园。

无患子科
Sapindaceae

五角枫（色木槭）
Acer pictum Thunb. *subsp. mono* (Maxim.) Ohashi

五角枫（色木槭）*Acer pictum* Thunb. *subsp. mono* (Maxim.) Ohashi
无患子科 Sapindaceae　槭属

　　落叶乔木。树皮粗糙，常纵裂。小枝无毛，具圆形皮孔。冬芽近于球形，鳞片卵形。叶纸质，基部截形或近心形，叶片的外貌近于椭圆形，常5裂；裂片卵形，先端锐尖，全缘。花杂性，雄全同株；顶生圆锥状伞房花序无毛；花白色；雄蕊比花瓣短；子房无毛。翅果成熟时淡黄色；小坚果压扁状，两翅张开成锐角或近于钝角。花期5月，果期9月。
　　生于中高海拔的山坡或山谷疏林中。见于鹫峰、寨尔峪。

鸡爪槭* *Acer palmatum* Thunb.
无患子科 Sapindaceae 槭属

落叶小乔木。树皮深灰色。叶纸质，5~9掌状分裂，通常7裂，裂片披针形，先端长锐尖，边缘具紧贴的尖锐锯齿。花杂性，雄全同株；伞房花序无毛；花紫色，萼片、花瓣各5，雄蕊8；花盘位于雄蕊的外侧，微裂；子房无毛。翅果嫩时紫红色，成熟时淡棕黄色；小坚果球形，翅与小坚果张开成钝角。花期5月，果期9月。

生于中高海拔的林边或疏林中。见于树木园。

红枫[*] *Acer palmatum* ' *Atropurpureum* '

　　鸡爪槭 A. palmatum 的常见栽培品种。叶常年红色或紫红色，5～7 深裂；枝条也常紫红色。见于树木园（引栽）。

元宝械(平基械) *Acer truncatum* Bge.
无患子科 Sapindaceae　械属

　　落叶小乔木。树皮灰褐色，浅纵裂，裂沟常纵向扭曲。小枝无毛，皮孔明显；冬芽小，卵圆形。单叶，常掌状5裂，叶裂达叶片中部1/3处，叶基截，掌状5出脉。杂性同株，顶生伞房花序；花黄绿色，萼片、花瓣各5，雄蕊8。双翅果扁平，小坚果径与果翅近等长，两翅展开约成直角。花期4~5月，果期8~9月。

　　生于低山丘陵，为重要秋季观叶树种。见于鹫峰、树木园、萝芭地、金山、寨尔峪。

枳(枸橘)[*] *Poncirus trifoliata* Raf.
芸香科 Rutaceae　枳属

　　小乔木。树冠伞形或圆头形。枝绿色，嫩枝扁，有纵棱，具刺，刺尖干枯状，红褐色，基部扁平。叶柄有狭长的翼叶，通常指状 3 出叶，嫩叶中脉上有细毛。花腋生，具完全花及不完全花，后者雄蕊发育，雌蕊萎缩，花有大、小二型；花瓣白色，匙形；雄蕊通常 20 枚，花丝不等长。果近圆球形，果顶微凹，有环圈，果皮暗黄色，粗糙。花期 5～6月，果期 10～11 月。见于树木园。

花椒 * *Zanthoxylum bungeanum* Maxim.
芸香科 Rutaceae　花椒属

　　落叶灌木或小乔木。树皮黑褐色，常有增大的皮刺和瘤状突起。小枝被短柔毛，具扁平皮刺。奇数羽状复叶互生，小叶卵形、椭圆形至广卵圆形，边缘有细圆钝锯齿，具透明腺点，叶轴具狭翅和小皮刺。顶生聚伞状圆锥花序，花单性异株；无花瓣，子房无柄。果球形，红色至紫红色，密生疣状突起；种子1，黑色，有光泽。花期3~7月，果期7~10月。见于鹫峰、树木园、寨尔峪。

黄檗 *Phellodendron amurense* Rupr.

芸香科 Rutaceae   黄檗属

　　落叶乔木。树皮灰褐色，不规则网状开裂。小枝暗紫红色，无毛；无顶芽，侧芽为柄下芽。奇数羽状复叶对生，揉之有味；小叶卵状披针形，先端长渐尖，基部不对称，有睫毛。顶生聚伞状圆锥花序，花小，淡绿色，单性异株；5 基数，雄花具雄蕊 5，雌花子房具短柄，5 心皮 5 室。核果圆球形，蓝黑色。花期 5~6 月，果期 9~10 月。

　　多生于山地杂木林中。见于萝芭地、金山。

黄皮[*] *Clausena lansium*(Lour.) Skeels
芸香科 Rutaceae　黄皮属

　　小乔木。小枝、叶轴、花序轴，尤以未张开的小叶背脉上散生甚多明显突起的细油点且密被短直毛。小叶卵形或卵状椭圆形，常一侧偏斜。圆锥花序顶生；花萼裂片外面被短柔毛，花瓣长圆形；雄蕊 10 枚，长短相间，花丝线状；子房密被直长毛，花盘细小，子房柄短。果淡黄至暗黄色，被细毛。花期 4 ~ 5 月，果期 7 ~ 8 月。见于树木园（引栽）。

臭檀吴萸 * *Evodia daniellii*(Benn.) Hemsl.
芸香科 Rutaceae　洋茱萸属

　　落叶乔木。树皮暗灰色，平滑不开裂。小枝红褐色，被柔毛。叶揉之有刺鼻的臭味，奇数羽状复叶对生，小叶阔卵形至卵状椭圆形，散生少数油点，先端长渐尖，基部偏斜，叶背脉腋有簇毛。顶生聚伞状圆锥花序，花小，单性异株；花5基数，子房心皮4~5，中部以下合生。聚合果4~5，熟时开裂，紫红色，外果皮有腺点。花期6~8月，果期9~11月。

　　生于平地及山坡向阳处。见于树木园。

臭椿 *Ailanthus altissima*(Mill.)Swingle.
苦木科 Simaroubaceae　臭椿属

　　乔木。树皮平滑有直的浅裂纹。奇数羽状复叶互生；小叶 13～25，卵状披针形，揉搓后有明显的臭味，近基部通常有 1～2 对粗锯齿，齿背面有 1 腺体，中上部全缘。圆锥花序顶生；花杂性，花瓣绿白色左上为雄花，左下为雌花。聚合翅果，矩圆状椭圆形，长 3～5 厘米，熟时变红。

　　我国除黑龙江、吉林、新疆、青海、宁夏、甘肃和海南外，各地均有分布。世界各地广为栽培。见于鹫峰、树木园、萝芭地、金山、寨尔峪。

苦木 *Picrasma quassioides* (D. Don) Benn.

苦木科 Simaroubaceae　苦树属

　　乔木。树皮紫褐色，平滑。奇数羽状复叶互生，嚼碎后味极苦；小叶 9 ~ 15 枚，卵状披针形，边缘具不整齐的粗锯齿。腋生复聚伞花序，雌雄异株；花黄绿色，4 ~ 5 数；雄花雄蕊长于花瓣；雌花花盘 4 ~ 5 裂；心皮 2 ~ 4，分离，花柱向外弯曲。核果倒卵形，2 ~ 4 个并生，成熟后紫黑色。花期 4 ~ 5 月，果期 6 ~ 9 月。

　　产于黄河流域及其以南各省区。见于鹫峰、树木园、寨尔峪。

香椿* *Toona sinensis*(A. Juss.) Roem.
棟科 Meliaceae　　香椿属

落叶乔木。树皮粗糙，深褐色，片状脱落。偶数羽状复叶互生，小叶全缘或有不明显锯齿。圆锥花序顶生，下垂。圆锥花序与叶等长或更长；花瓣5，白色，长圆形，先端钝，无毛；雄蕊10，其中5枚能育，5枚退化；花盘无毛，近念珠状；子房圆锥形，有5条细沟纹，无毛，每室有胚珠8颗。蒴果狭椭圆形，深褐色。花期6~8月，果期10~12月。
　　生于山地杂木林或疏林中，各地也广泛栽培。见于鹫峰、树木园、寨尔峪。

苘麻 *Abutilon theophrasti* Medic.
锦葵科 Malvaceae　苘麻属

　　一年生草本。茎直立，上部有分枝，具柔毛。叶互生，圆心形，端尖，基部心形，两面密生柔毛。花单生叶腋，黄色；萼及花瓣皆为5；心皮多数，轮生。分果瓣具喙；种子肾形，具星状毛。花期6~8月，果期8~9月。

　　常见于路旁、荒地和田野间。见于鹫峰。

蜀葵 *Alcea rosea* L.

锦葵科 Malvaceae　蜀葵属

　　多年生草本。茎直立。塔形，具毛。叶大，粗糙而皱，圆心形，具 5 ~ 7 浅裂或波状边缘；具长柄。花成总状花序；花大，漏斗状，近无柄，有红、紫、黄、白等各色，十分鲜艳，并有单瓣和重瓣品种。果实形成分果瓣，成熟时与中轴脱离。花期 7 ~ 8 月。

　　原产于我国西南。各地广泛栽培。见于鹫峰、寨尔峪。

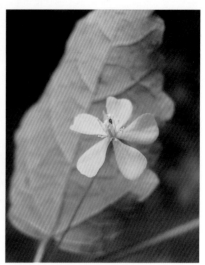

田麻（毛果田麻） *Corchoropsis crenata* Siebold & Zuccarini

锦葵科 Malvaceae　田麻属

　　一年生草本。分枝有星状短柔毛。叶卵形或长卵形，边缘有钝牙齿，两面密生星状短柔毛，基出脉 3 条；托叶钻形，脱落。花单生于叶腋，有细梗；萼片 5，披针形；花瓣 5，黄色；发育雄蕊 15，每 3 枚成 1 束；退化雄蕊 5，与萼片对生；子房具短柔毛。蒴果密被星状毛；种子长卵形。花期 4~6 月。

　　分布于东北、华北、华东、华中、西南地区。见于鹫峰、寨尔峪。

梧桐 * *Firmiana simplex* (Linnaeus.) W. Wight
锦葵科 Malvaceae　梧桐属

　　落叶乔木。树皮青绿色，平滑。叶心形，掌状 3 ~ 5 裂，裂片三角形，顶端渐尖，基部心形，圆锥花序顶生，花淡黄绿色，退化子房梨形且甚小；雌花的子房圆球形，被毛。蓇葖果膜质，有柄，成熟前开裂成叶状；种子圆球形，表面有绉纹。花期 6 月。
　　产于我国南北各省，多为人工栽培。见于树木园。

孩儿拳头(扁担木) *Grewia biloba* var. *parviflora* Hand. – Mazt.
锦葵科 Malvaceae　扁担木属

　　落叶灌木。小枝红褐色，幼时具绒毛。叶长圆状卵形，略带狭方形，先端锐尖，基部圆形至广楔形，重锯齿，背面疏生灰色星状柔毛，基脉三出；叶柄具柔毛。伞形花序，与叶对生，具花5~8朵；花小，不具苞片；花淡黄色。核果，红色，无毛，2裂，每裂有2小核。花期5~7月。

　　分布于东北、华北、华东、西南。见于鹫峰、树木园、金山、萝芭地、寨尔峪。

木槿 *Hibiscus syriacus* L.
锦葵科 Malvaceae　木槿属

　　落叶灌木。小枝密被黄色星状绒毛。叶菱形至三角状卵形,具深浅不同的 3 裂或不裂,先端钝,基部楔形,边缘具不整齐齿缺;叶柄上面被星状柔毛。花单生于枝端叶腋间,被星状短绒毛;花萼钟形,密被星状短绒毛,裂片 5,三角形;花钟形,淡紫色,花瓣倒卵形,外面疏被纤毛和星状长柔毛;花柱枝无毛。蒴果卵圆形,密被黄色星状绒毛;种子肾形。花期 7~10 月。

　　原产于我国中部各省,北方各地均有栽培。见于鹫峰、树木园。

野西瓜苗 *Hibiscus trionum* L.
锦葵科 Malvaceae 木槿属

一年生直立或平卧草本。茎柔软，被白色星状粗毛。叶二型，下部的叶圆形，不分裂，上部的叶掌状 3~5 深裂，中裂片较长，两侧裂片较短，裂片倒卵形至长圆形，通常羽状全裂，上面疏被粗硬毛或无毛，下面疏被星状粗刺毛。花单生于叶腋，果时延长达 4 厘米，被星状粗硬毛；小苞片 12，被粗长硬毛，基部合生；花萼钟形，淡绿色，具纵向紫色条纹，中部以上合生；花淡黄色，内面基部紫色，花瓣 5，倒卵形，外面疏被极细柔毛；花柱枝 5，无毛。蒴果长圆状球形，果爿 5，果皮薄，黑色；种子肾形，黑色，具腺状突起。花期 7~10 月。

产于全国各地。见于鹭峰、萝芭地。

冬葵 *Malva verticilata* L.

锦葵科 Malvaceae　锦葵属

　　二年生草本。茎直立。叶具长柄，互生，5~7掌状裂，裂片短，钝尖头，具钝齿。花簇生于叶腋，浅红色至淡白色；副萼3，广线形；萼5裂，裂片广三角形；花瓣5，端凹入。花期7~9月。

　　全国广布。见于萝芭地。

紫椴 *Tilia amurensis* Rupr.
锦葵科 Malvaceae　椴树属

　　乔木。株高可达15米。幼枝光滑。叶宽卵形或近圆形，先端具尾尖，基部心形，通常不具3浅裂，叶背面光滑，锯齿较小而整齐。聚伞花序；苞片匙形或长圆形，无毛，具短柄；萼片5，两面疏被毛；花瓣5，黄白色，无毛；雄蕊多数，不具退化雄蕊。果实球形或长圆形，被褐色毛。花期6~7月，果期8月。

　　分布于东北及华北少数地区。见于树木园、萝芭地。

糠椴(辽椴,大叶椴) *Tilia mandshurica* Rupr. et Maxim.
锦葵科 Malvaceae　椴树属

落叶乔木。叶互生，卵形，基部偏斜，背面密被白色星状毛。聚伞花序，常下垂，花序柄与舌状大苞片合生，花有香气；花瓣 5 枚，黄色；雄蕊多数，合生成 5 束。核果球形，外面密被黄褐色绒毛。花期 7 月，果熟期 9 月。

分布于东北、华北及华东部分省区。见于树木园、萝芭地、金山。

蒙椴(小叶椴) *Tilia mongolica* Maxim.
锦葵科 Malvaceae　椴树属

　　落叶小乔木。叶互生，卵心形，常3浅裂，基部偏斜。聚伞花序，花序柄与舌状大苞片合生，花有香气；花瓣5枚，黄色，雄蕊多数，合生成5束。核果近圆形，外被绒毛。花期7月。

　　分布于华北、华中及辽宁、内蒙古、陕西等省区。见于树木园。

河蒴荛花 *Wikstroemia chamaedaphne*(Bge.) Meish.
瑞香科 Thymelaeaceae　荛花属

灌木。分枝多而纤细，无毛；幼枝近四棱形，绿色，后变为褐色。叶对生，无毛，近革质，披针形，先端尖，基部楔形，上面绿色，干后稍皱缩，下面灰绿色，光滑。花黄色，花序穗状或由穗状花序组成的圆锥花序，顶生或腋生，密被灰色短柔毛。果卵形，干燥。花期6~8月，果期9月。

生于中海拔的山坡及路旁。见于树木园、寨尔峪。

播娘蒿 *Descurainia sophia* (L.) Webb.
十字花科 Cruciferae　播娘蒿属

　　一年生草本。有毛或无毛，毛为叉状毛，以下部茎生叶为多，向上渐少。茎直立，分枝多，常于下部成淡紫色。叶为3回羽状深裂，末端裂片条形或长圆形。花序伞房状，果期伸长；萼片直立，早落，长圆条形；花瓣黄色，长圆状倒卵形；雄蕊6枚，比花瓣长1/3。长角果圆筒状，种子形小，多数，长圆形，淡红褐色，表面有细网纹。花期4~5月。

　　生于山坡、田野及农田。见于鹫峰、寨尔峪。

独行菜 *Lepidium apetalum* Willd.
十字花科 Cruciferae　独行菜属

　　一年或二年生草本。茎直立，有分枝，无毛或具微小头状毛。基生叶窄匙形，一回羽状浅裂或深裂；茎上部叶线形，有疏齿或全缘。总状花序；萼片早落，卵形；花瓣不存或退化成丝状，比萼片短；雄蕊 2 或 4。短角果近圆形或宽椭圆形，扁平。种子椭圆形，平滑，棕红色。花果期 5～7 月。

　　生于山坡、山沟、路旁及村庄附近。见于鹫峰、金山、寨尔峪。

球果蔊菜(风花菜) *Rorippa globosa* (Turcz.) Thell.
十字花科 Cruciferae　蔊菜属

　　一或二年生直立粗壮草本。茎单一，基部木质化，下部被白色长毛，上部近无毛分枝或不分枝。茎下部叶具柄，上部叶无柄，叶片长圆形至倒卵状披针形。基部渐狭，下延成短耳状而半抱茎，边缘具不整齐粗齿，两面被疏毛，尤以叶脉为显。总状花序多数，呈圆锥花序式排列，果期伸长；花小，黄色，具细梗；花瓣4，倒卵形；雄蕊6，4强或近于等长。短角果实近球形；种子多数，淡褐色，极细小。花期4~6月，果期7~9月。

　　生于河岸、湿地、路旁、沟边或草丛中。见于鹫峰、金山。

沼生蔊菜 *Rorippa islandica* (Oeder) Borbas.
十字花科 Cruciferae　蔊菜属

　　一或二年生草本。光滑无毛或稀有单毛。茎直立，单一成分枝，下部常带紫色，具棱。基生叶多数，具柄；叶片羽状深裂或大头羽裂，长圆形至狭长圆形，裂片3~7对，边缘不规则浅裂或呈深波状，顶端裂片较大，基部耳状抱茎。总状花序顶生或腋生，果期伸长，花小，多数，黄色成淡黄色；花瓣长倒卵形至楔形，等于或稍短于萼片；雄蕊6，近等长，花丝线状。短角果椭圆形或近圆柱形；种子多数，褐色。花期4~7月，果期6~8月。

　　生于潮湿环境或近水处、溪岸、路旁、田边、山坡草地及草场。见于鹫峰、塞尔峪。

萝卜 *Raphanus sativus* L.
十字花科 Cruciferae　萝卜属

　　二年或一年生草本。直根肉质，长圆形、球形或圆锥形，外皮绿色、白色或红色；茎有分枝，无毛，稍具粉霜。基生叶和下部茎生叶大头羽状半裂，顶裂片卵形，侧裂片 4～6对，有钝齿，上部叶长圆形，有锯齿或近全缘。总状花序顶生及腋生；花白色或粉红色；花瓣倒卵形，具紫纹。长角果圆柱形。花期 4～5 月，果期 5～6 月。

　　全国各地普遍栽培。见于萝芭地。

垂果南芥 *Arabis pendula* L.
十字花科 Cruciferae　南芥属

　　二年生草本。全株被硬单毛、杂有 2~3 叉毛。主根圆锥状，黄白色。茎直立，上部
有分枝。茎下部的叶长椭圆形至倒卵形，顶端渐尖，边缘有浅锯齿，基部渐狭而成叶柄。
总状花序顶生或腋生，有花十几朵；花瓣白色、匙形。长角果线形，种子椭圆形，褐色，
边缘有环状的翅。花期 6~9 月，果期 7~10 月。

　　生于山坡、路旁、河边草丛中及高山灌木林下和荒漠地区。见于鹫峰、萝芭地、寨
尔峪。

荠菜 *Capsella bursa – pastoris*（L.）Medic.

十字花科 Cruciferae　荠属

　　一年或二年生草本。无毛、有单毛或分叉毛；茎直立，单一或从下部分枝。长 5～30 毫米，宽 2～20 毫米，侧裂片 3～8 对，长圆形至卵形，浅裂或有不规则粗锯齿或近全缘；茎生叶窄披针形或披针形，基部箭形，抱茎，边缘有缺刻或锯齿。总状花序顶生及腋生，果期延长；花瓣白色，卵形，有短爪。短角果倒三角形或倒心状三角形。种子 2 行，长椭圆形，浅褐色。花果期 4～6 月。

　　野生，偶有栽培。生在山坡、田边及路旁。见于鹫峰、金山、寨尔峪。

菘蓝[*]（板蓝根）*Isatis tinctoria* L.
十字花科 Cruciferae　菘蓝属

　　二年生草本。茎直立，茎及基生叶背面带紫红色，上部多分枝。基生叶莲座状，长椭圆形至长圆状倒披针形，灰绿色，顶端钝圆，边缘有浅齿，具柄；茎生叶半抱茎，叶全缘或有不明显锯齿。花瓣黄色，宽楔形至宽倒披针形，顶端平截，基部渐狭，具爪。短角果。种子长圆形，淡褐色。花期4~5月，果期5~6月。
　　引种栽培。见于鹫峰。

糖芥 *Erysimum bungei* (Kitag.) Kitag.
十字花科 Cruciferae　糖芥属

　　一年或二年生草本。密生伏贴 2 叉毛；茎直立，不分枝或上部分枝，具棱角。叶披针形或长圆状线形，顶端急尖，基部渐狭，全缘；上部叶有短柄或无柄，基部近抱茎，边缘有波状齿或近全缘。总状花序顶生，有多数花；花瓣桔黄色；雄蕊 6，近等长。长角果线形。种子每室 1 行，长圆形，侧扁，深红褐色。花期 6~8 月，果期 7~9 月。

　　生在田边荒地、山坡。见于鹫峰、金山、寨尔峪、萝芭地。

小花糖芥 *Erysimum cheiranthoides* L.
十字花科 Cruciferae　糖芥属

　　一年生草本。茎直立，分枝或不分枝，有棱角，具2叉毛。基生叶莲座状，无柄，平铺地面；茎生叶披针形或线形，顶端急尖，基部楔形，边缘具深波状疏齿或近全缘，两面具3叉毛。总状花序顶生；花瓣浅黄色，长圆形，顶端圆形或截形，下部具爪。长角果圆柱形，种子卵形，淡褐色。花期5月，果期6月。

　　生于中海拔山坡、山谷。见于鹫峰、寨尔峪。

白菜 *Brassica pekinensis* Rupr.

十字花科 Cruciferae　芸薹属

　　二年生草本。基生叶多数，大形，倒卵状长圆形至宽倒卵形，顶端圆钝，边缘皱缩，波状，有时具不显明牙齿，中脉白色，很宽，有多数粗壮侧脉；叶柄白色，扁平。花鲜黄色；花瓣倒卵形。长角果较粗短。种子球形，棕色。花期5月，果期6月。

　　各地广泛栽培。见于萝芭地。

二月兰(诸葛菜) *Orychophragmus violaceus* (L.) O. E. Schulz
十字花科 Cruciferae　诸葛菜属

　　一年或二年生草本。无毛；茎单一，直立，基部或上部稍有分枝，浅绿色或带紫色。基生叶及下部茎生叶大头羽状全裂，顶裂片近圆形或短卵形，顶端钝，基部心形，有钝齿，侧裂片2～6对，卵形或三角状卵形。花紫色、浅红色或褪成白色。长角果线形；种子卵形至长圆形，黑棕色，有纵条纹。花期4～5月，果期5～6月。

　　生于平原、山地、路旁或地边。见于鹫峰、金山、寨尔峪。

槲寄生 *Viscum coloratum*(Kom.) Nakai
檀香科 Santalaceae　槲寄生属

　　灌木。茎、枝均圆柱状，二歧或三歧、稀多歧地分枝。叶对生，稀 3 枚轮生，厚革质或革质，长椭圆形至椭圆状披针形。雌雄异株；花序顶生或腋生于茎叉状分枝处；雄花序聚伞状，雌花序聚伞式穗状。果球形，具宿存花柱，成熟时淡黄色或橙红色，果皮平滑。花期 4~5 月，果期 9~11 月。

　　生于中海拔阔叶林中。见于寨尔峪，寄生于栎、榆、山杨树上。

柽柳 *Tamarix chinensis* Lour.

柽柳科 Tamaricaceae　柽柳属

　　落叶灌木或小乔木。树皮红褐色，小枝细长下垂。叶细小，鳞片状，互生。花小，5基数，粉红色，花盘10裂或5裂，苞片狭披针形或钻形。自春至秋均可开花，春季总状花序侧生于去年生枝上，夏、秋季总状花序生于当年生枝上并常组成顶生圆锥花序。花期4~9月。

　　喜生于河流冲积平原，海滨、滩头、潮湿盐碱地和沙荒地。见于树木园。

苦荞麦[*] *Fagopyrum tataricum*(L.) Gaertn.
蓼科 Polygonaceae　荞麦属

　　一年生草本。茎直立，分枝，绿色或微呈紫色，有细纵棱。叶宽三角形，两面沿叶脉具乳头状突起，下部叶具长叶柄，上部叶较小具短柄。花序总状，顶生或腋生，苞片卵形，花被 5 深裂，白色或淡红色，花被片椭圆形，雄蕊 8，比花被短，花柱 3，短，柱头头状。瘦果长卵形，黑褐色，无光泽。花期 6 ~ 9 月，果期 8 ~ 10 月。

　　生于田边、路旁、山坡、河谷。见于荒地或田边。

山荞麦(木藤蓼)* *Polygonum aubertii* L.
蓼科 Polygonaceae　何首乌属

多年生半灌木。茎缠绕，灰褐色，无毛。叶簇生稀互生，叶片长卵形，近革质，顶端急尖，基部近心形，两面均无毛；托叶鞘膜质，偏斜，褐色，易破裂。花序圆锥状，苞片膜质，花梗细，花被5深裂，淡绿色或白色。瘦果卵形，具3棱，黑褐色，密被小颗粒，微有光泽。花期7~8月，果期8~9月。

生于山坡草地、山谷灌丛，海拔900~3200米。见于树木园（引栽）。

萹蓄 *Polygonum aviculare* L.
蓼科 Polygonaceae　萹蓄属

　　一年生草本。茎平卧或上升，自基部分枝。叶互生，叶片椭圆形或披针形，顶端钝或急尖，全缘；托叶鞘膜质，下部褐色，上部白色透明，有不明显脉纹。花1~5朵簇生叶腋，花梗细短；花被5深裂，绿色，边缘白色或淡红色；雄蕊8；花柱3。瘦果卵形，有3棱，黑色，密被由小点组成的细条纹，无光泽。花期5~7月，果期6~8月。
　　生于田边路、沟边湿地。北温带广泛分布。见于鹫峰、金山、寨尔峪。

拳蓼 *Polygonum bistorta* L.
蓼科 Polygonaceae　拳参属

　　多年生草本。根状茎肥厚，弯曲，黑褐色。下部叶矩圆状披针形或狭卵形，基部沿叶柄下延成狭翅，边缘外卷；上部叶无柄，抱茎；托叶鞘筒状，膜质。花序穗状，顶生；花白色或带淡红色。瘦果椭圆形，具3棱，两端尖，褐色，有光泽。花期6~7月，果期8~9月。

　　生于山坡草地、山顶草甸。见于萝芭地。

齿翅蓼 *Polygonum dentato – alatum* Fr. Schm. ex Maxim.
蓼科 Polygonaceae 何首乌属

一年生草质藤本。叶互生，叶片卵形或心形，基部心形，两面无毛；托叶鞘膜质，无缘毛。花序总状，腋生或顶生，花稀疏，花梗细弱；花被 5 深裂，外面 3 枚裂片背部具翅，果时增大，翅通常具齿，基部沿花梗下延。瘦果具 3 棱，黑色，密被小颗粒，微有光泽。花期 7~8 月，果期 9~10 月。

生于山坡、草丛、山谷湿地。见于寨尔峪。

中国繁缕 *Stellaria chinensis* Regel
石竹科 Caryophyllaceae　繁缕属

　　多年生草本。茎细弱，铺散或上升，具四棱，无毛。叶片卵形至卵状披针形，顶端渐尖，基部宽楔形或近圆形，全缘，两面无毛。聚伞花序疏散，具细长花序梗；苞片膜质；花梗细；花瓣5，白色，2深裂；雄蕊10，稍短于花瓣；花柱3。蒴果卵萼形；种子卵圆形，稍扁，褐色，具乳头状突起。花期5~6月，果期7~8月。

　　生于灌丛或冷杉林下、石缝或湿地。见于萝芭地、金山。

肥皂草 *Saponaria officinalis* L.
石竹科 Caryophyllaceae　肥皂草属

多年生草本。主根肥厚，肉质；根茎细、多分枝。茎直立，不分枝或上部分枝，常无毛。叶片椭圆形或椭圆状披针形，基部渐狭成短柄状，微合生，半抱茎，顶端急尖，边缘粗糙，两面均无毛。聚伞圆锥花序；花瓣白色或淡红色，爪狭长，无毛，瓣片楔状倒卵形；雄蕊和花柱外露。蒴果长圆状卵形，种子圆肾形，黑褐色，具小瘤。花期6~9月。

城市公园栽培供观赏。见于鹫峰。

石竹 *Dianthus chinensis* L.
石竹科 Caryophyllaceae　石竹属

　　多年生草本。全株无毛，带粉绿色。茎由根颈生出，疏丛生，直立，上部分枝。叶片线状披针形，顶端渐尖，基部稍狭，全缘或有细小齿。花单生枝端或数花集成聚伞花序；花瓣紫红色、粉红色、鲜红色或白色，顶缘不整齐齿裂，喉部有斑纹，疏生髯毛；雄蕊露出喉部外，花药蓝色；子房长圆形，花柱线形。蒴果圆筒形，顶端4裂；种子黑色，扁圆形。花期5~6月，果期7~9月。

　　生于草原和山坡草地。见于鹫峰、萝芭地、金山、寨尔峪。

兴安石竹 *Dianthus versicolor* Fisch. ex Link

石竹科 Caryophyllaceae　石竹属

　　为石竹变种，植株多少密丛生。茎多少被短糙毛或近无毛而粗糙。叶通常粗糙，斜上，叶片线状披针形至线形。

　　生于草原、草甸草原、山地草甸、林缘沙地、山坡灌丛及石砬子上。见于萝芭地。

女娄菜 *Silene aprica* Turcz. ex Fisch et Mey.
石竹科 Caryophyllaceae　蝇子草属

　　一年生或二年生草本。全株密被灰色短柔毛。主根较粗壮，稍木质。基生叶叶片倒披针形或狭匙形，基部渐狭成长柄状，顶端急尖，中脉明显；茎生叶叶片倒披针形、披针形或线状披针形，比基生叶稍小。圆锥花序较大型；花萼卵状钟形，近草质，密被短柔毛；花瓣白色或淡红色，倒披针形。蒴果卵形；种子圆肾形，灰褐色，具小瘤。花期 5～7 月，果期 6～8 月。

　　生于平原、丘陵或山地。见于萝芭地、寨尔峪。

粗壮女娄菜 *Silene firma* Sieb. et Zucc.
石竹科 Caryophyllaceae　蝇子草属

　　一年生或二年生草本。全株无毛。茎单生或疏丛生，粗壮，直立，不分枝。叶片椭圆状披针形或卵状倒披针形，基部渐狭成短柄状，顶端急尖，仅边缘具缘毛。假轮伞状间断式总状花序；花萼卵状钟形，无毛，果期微膨大；花瓣白色，不露出花萼；雄蕊内藏，花丝无毛；花柱不外露。蒴果长卵形；种子圆肾形，灰褐色，具棘凸。花期 6～7月，果期 7～8 月。

　　生于中海拔草坡、灌丛或林缘草地。见于鹫峰、萝芭地。

旱麦瓶草 *Silene jenisseensis* Willdd.
石竹科 Caryophyllaceae　蝇子草属

　　多年生草本。根粗壮，木质。茎丛生，直立或近直立，不分枝，无毛，基部常具不育茎。基生叶叶片狭倒披针形或披针状线形，基部渐狭成长柄状，顶端急尖或渐尖，边缘近基部具缘毛，余均无毛，中脉明显；茎生叶少数，较小，基部微抱茎。假轮伞状圆锥花序或总状花序；苞片卵形或披针形；花萼狭钟形，后期微膨大；花瓣白色或淡绿色。蒴果卵形；种子肾形，灰褐色。花期7~8月，果期8~9月。

　　生于中海拔草原、草坡、林缘或固定沙丘。见于鹫峰、萝芭地。

石生蝇子草 *Silene tatarinowii* Regel
石竹科 Caryophyllaceae　蝇子草属

　　多年生草本。全株被短柔毛。根圆柱形或纺锤形，黄白色。茎上升或俯仰，叶片披针形或卵状披针形，基部宽楔形或渐狭成柄状，顶端长渐尖，两面被稀疏短柔毛，边缘具短缘毛，具1或3条基出脉。二歧聚伞花序疏松，大型；花梗细；花萼筒状棒形；花瓣白色，轮廓倒披针形，爪不露或微露出花萼，无毛，无耳，瓣片倒卵形。蒴果卵形或狭卵形；种子肾形，红褐色至灰褐色，脊圆钝。花期7~8月，果期8~10月。

　　生于中海拔灌丛中、疏林下多石质的山坡或岩石缝中。见于鹫峰、萝芭地、寨尔峪。

鸡冠花 *Celosia cristata* L.
苋科 Amaranthaceae　青葙属

　　草本。叶片卵形、卵状披针形或披针形。花多数，极密生，成扁平肉质鸡冠状、卷冠状或羽毛状的穗状花序，一个大花序下面有数个较小的分枝，圆锥状矩圆形，表面羽毛状；花被片红色、紫色、黄色、橙色或红色黄色相间。花果期7~9月。
　　广布于温暖地区。栽培供观赏。见于鹫峰。

凹头苋 *Amaranthus lividus* L.
苋科 Amaranthaceae　苋属

　　一年生草本。全体无毛。茎伏卧而上升，从基部分枝，淡绿色或紫红色。叶片卵形或菱状卵形，顶端凹缺，有1芒尖，基部宽楔形，全缘或稍呈波状。花成腋生花簇；花被片矩圆形或披针形，淡绿色，顶端急尖，边缘内曲。胞果扁卵形，种子环形，边缘具环状边。花期7~8月，果期8~9月。

　　生在田野、人家附近的杂草地上。见于鹫峰。

反枝苋 *Amaranthus retroflexus* L.
苋科 Amaranthaceae　苋属

一年生草本。茎直立，粗壮，单一或分枝，淡绿色，稍具钝棱，密生短柔毛。叶片菱状卵形或椭圆状卵形，顶端锐尖或尖凹，有小突尖，基部楔形，全缘或波状缘。圆锥花序顶生及腋生，由多数穗状花序形成；花被片矩圆形或矩圆状倒卵形，薄膜质，白色。种子近球形。花期 7～8 月，果期 8～9 月。

生于田园内、农地旁、人家附近的草地上。见于鹫峰、萝芭地、寨尔峪。

地肤 *Kochia scoparia*(L.) Schrad.
苋科 Amaranthaceae 地肤属

　　一年生草本。茎直立，圆柱状，多分枝。叶互生，叶片披针形或条状披针形，两面生短柔毛。花两性或雌性，通常1~3个生于上部叶腋，呈稀疏的穗状花序；花被裂片近三角形，基部合生。胞果扁球形，果皮膜质，与种子离生；种子卵形，黑褐色，稍有光泽。花期6~9月，果期7~10月。
　　全国各地均产。见于寨尔峪。

扫帚菜[*] *Kochia scoparia* f. *trichophylla*(Hort)Schinz et Thell.

　　见于寨尔峪。

美国商陆 *Phytolacca americana* L.
商陆科 Phytolaccaceae 商陆属

多年生草本。根粗壮，肥大，倒圆锥形。茎直立，圆柱形，有时带紫红色。叶片椭圆状卵形或卵状披针形，顶端急尖，基部楔形。总状花序顶生或侧生；花白色，微带红晕。果序下垂；浆果扁球形，熟时紫黑色；种子肾圆形。花期 6~8 月，果期 8~10 月。

原产于北美，引入栽培。见于鹫峰。

紫茉莉 *Mirabilis jalapa* L.
紫茉莉科 Nyctaginaceae　紫茉莉属

　　一年生草本。根黑色肥粗，倒圆锥形。茎直立，多分枝。叶片卵形或卵状三角形，脉隆起，上部叶几无柄。花常数朵簇生枝端；总苞钟形，5 裂，裂片三角状卵形，果时宿存；花冠高脚碟状，5 浅裂；雄蕊 5，花丝细长，常伸出花外；花柱单生，线形，伸出花外，柱头头状。瘦果球形，革质，黑色，表面具皱纹。花期 6~10 月，果期 8~11 月。

　　我国南北各地常栽培，为观赏花卉，有时逸为野生。见于鹫峰。

土人参 *Talinum paniculatum*(Jacq.) Gaertn.
土人参科 Talinaceae　土人参属

　　一年生或多年生草本。茎直立，肉质，基部近木质，圆柱形，有时具槽。叶互生或近对生，叶片稍肉质，倒卵形，全缘。圆锥花序顶生或腋生，较大形，常二叉状分枝，具长花序梗；总苞片绿色或近红色，圆形，苞片 2；花瓣粉红色或淡紫红色，椭圆形；雄蕊15～20，花柱线形，柱头 3 裂，稍开展。蒴果近球形，3 瓣裂。花期 6～8 月，果期 9～11 月。

　　原产于热带美洲。我国中部和南部均有栽植，有的逸为野生，生于阴湿地。见于鹫峰。

马齿苋 *Portulaca oleracea* L.
马齿苋科 Portulacaceae　马齿苋属

　　一年生草本。全株无毛；茎平卧或斜倚，伏地铺散，多分枝，圆柱形。叶互生，有时近对生，叶片扁平，肥厚，倒卵形，似马齿状，全缘。花无梗，常 3～5 朵簇生枝端；萼片 2，对生，绿色，盔形；花瓣 5，黄色，倒卵形；雄蕊通常 8，花药黄色，子房无毛，柱头 4～6 裂，线形。蒴果卵球形，盖裂；种子细小，黑褐色，有光泽。花期 5～8 月，果期 6～9 月。

　　我国南北各地均产，为田间常见杂草。见于鹫峰、萝芭地、寨尔峪。

红瑞木 *Swida alba* L.
山茱萸科 Cornaceae　梾木属

　　灌木。树皮紫红色。幼枝有淡白色短柔毛，后即秃净而被蜡状白粉，老枝红白色。叶对生，纸质，椭圆形，先端突尖，基部楔形或阔楔形，边缘全缘或波状反卷。伞房状聚伞花序顶生；花瓣 4，卵状椭圆形，花丝线形，微扁，花药淡黄色。核果长圆形，微扁，成熟时乳白色或蓝白色，花柱宿存；核棱形，侧扁，两端稍尖呈喙状。花期 6～7 月，果期 8～10 月。

　　生于中海拔的杂木林或针阔叶混交林中。见于鹫峰、树木园。

毛梾木 *Cornus walteri* Wanger.
山茱萸科 Cornaceae　梾木属

　　落叶乔木。冬芽扁圆锥形，被灰白色短柔毛。叶对生，纸质，椭圆形、长圆椭圆形或阔卵形，下面淡绿色，密被灰白色贴生短柔毛，侧脉 4~5 对，弓形内弯。伞房状聚伞花序顶生；花白色；花萼裂片 4，绿色，齿状三角形；花瓣 4；雄蕊 4，花盘无毛；花柱棍棒形，子房下位，花托倒卵形。核果球形，成熟时黑色。花期 5 月，果期 9 月。
　　生于海拔 300~1800 米的杂木林或密林下。见于树木园。

山茱萸* *Cornus officinalis* Sieb. et Zucc.
山茱萸科 Cornaceae　山茱萸属

　　落叶乔木或灌木。树皮灰褐色；小枝细圆柱形。叶对生，纸质，卵状披针形或卵状椭圆形，先端渐尖，基部宽楔形或近于圆形，全缘。伞形花序生于枝侧；花瓣4，舌状披针形，黄色，向外反卷；雄蕊4，与花瓣互生，花丝钻形，花盘垫状，子房下位，花托倒卵形，花柱圆柱形。核果红色至紫红色；核骨质，狭椭圆形。花期3~4月，果期9~10月。生于中海拔林缘或森林中。见于树木园（引栽）。

八角枫 *Alangium chinense*(Lour.)Harms
山茱萸科 Cornaceae　八角枫属

　　乔木或灌木。幼枝紫绿色。叶纸质，椭圆形，顶端锐尖，基部两侧常不对称；叶背脉腋有丛状毛；基出脉，成掌状；叶柄紫绿色或淡黄色。聚伞花序腋生，花冠圆筒形，花萼顶端分裂为5~8枚齿状萼片；线形花瓣6~8枚，基部粘合，上部开花后反卷；雄蕊和花瓣同数而近等长；子房2室，柱头头状，常2~4裂。核果卵圆形，成熟后黑色，顶端有宿存的萼齿和花盘。花期5~7月和9~10月，果期7~11月。

　　广布于我国中高海拔的山地或疏林中。见于树木园。

小花溲疏 *Deutzia parviflora* Bge.
绣球花科 Hydrangeaceae　溲疏属

　　落叶灌木。小枝黄褐色，初被星毛，后脱落；老枝灰褐色，皮脱落。叶对生，纸质，卵形、椭圆状卵形或卵状披针形，边缘具细锯齿，两面面疏被星状毛，中脉被白色长柔毛；叶柄疏被星状毛。伞房花序，多花；花序梗被长柔毛和星状毛；花瓣白色，阔倒卵形或近圆形，先端圆，基部急收狭，两面均被毛；雄蕊 10；花柱 3，较雄蕊稍短。蒴果球形。花期 5 ~ 6 月，果期 8 ~ 10 月。

　　生于海拔 300 ~ 800 米杂木林下或灌丛中。见于鹫峰、树木园、萝芭地、金山、寨尔峪。

大花溲疏 *Deutzia grandiflora* Bge.

绣球花科 Hydrangeaceae 溲疏属

　　落叶灌木。叶对生，纸质，卵状菱形或椭圆状卵形，边缘具大小相间或不整齐锯齿，上面被4~6辐线星状毛，下面灰白色，被7~11辐线星状毛；叶柄被星状毛。聚伞花序，具花1~3朵；花梗被星状毛；萼筒浅杯状，密被灰黄色星状毛；花瓣白色，长圆形，外面被星状毛；花柱3。蒴果半球形，被星状毛，具宿存花柱。花期4~6月，果期9~11月。具花1~3朵的聚伞花序，以及叶下面灰白色显著区别于小花溲疏 D. parviflora。

　　生于海拔800~1600米山坡、山谷和路旁灌丛中。见于鹫峰、树木园、萝芭地、金山、寨尔峪。

东陵绣球 *Hydrangea bretschneideri* Dipp.
绣球花科 Hydrangeaceae 绣球属

灌木。小枝粗壮，幼枝具短柔毛。树皮剥落。单叶对生，具柄，无托叶。伞房状聚伞花序较短小，分枝 3，具总梗，花多数，花序边缘花为不孕花，当中为结实的两性花；萼片 4~5，花瓣 4~5；雄蕊 10。蒴果卵形。花期 6~7 月，果期 9~10 月。

生于山谷溪边或山坡密林或疏林中。见于树木园。

太平花 *Philadelphus incanus* Koehne
绣球花科 Hydrangeaceae　山梅花属

　　落叶灌木。枝具白色髓心，树皮剥落。单叶对生，仅主脉腋内有簇生毛，边缘疏生锯齿，具3主脉。总状花序，具5~9朵花，花轴、花梗无毛；花白色，微具香味；萼筒无毛，裂片4，卵状三角形，外面无毛，上部4裂。蒴果，倒圆锥形，4瓣裂。花期5~6月，果期8~9月。
　　生于海拔700~900米山坡杂木林中或灌丛中。见于树木园、萝芭地、寨尔峪。

凤仙花(指甲花) *Impatiens balsamina* L.

凤仙花科 Balsaminaceae　凤仙花属

　　一年生草本。茎肉质，直立，粗壮。叶互生，披针形，先端长渐尖，基部渐狭，边缘有锐锯齿，侧脉 5～9 对；叶柄两侧有数个腺体。花梗短，单生或数枚簇生叶腋，密生短柔毛；花大，通常粉红色或杂色，单瓣或重瓣；萼片 2，宽卵形，有疏短柔毛；旗瓣圆，先端凹，有小尖头，背面中肋有龙骨突；翼瓣宽大，有短柄，二裂，基部裂片近圆形，上部裂片宽斧形，先端二浅裂；唇瓣舟形，生疏短柔毛，基部突然延长成细而内弯的距。蒴果纺锤形，密生茸毛；种子多数，球形，黑色。花期 7～10 月。

　　原产于东南亚，世界广泛栽培。见于鹫峰。

水金凤 *Impatiens noli – tangere* L.
凤仙花科 Balsaminaceae　凤仙花属

一年生草本。叶互生，卵状椭圆形。总状花序具 2~4 朵花，花梗下垂；侧生萼片 2 枚；花瓣 5 枚，黄色，唇瓣宽漏斗状，喉部常有红色斑点，基部渐狭成距。蒴果条状矩圆形。花期 7~9 月。

分布于东北、华北、华中、华东等省区。见于金山。

柿树 *Diospyros kaki* Thunb.
柿树科 Ebenaceae　柿属

　　落叶大乔木。树皮深灰色至灰黑色，沟纹较密，裂成长方块状；树冠球形或长圆球。冬芽小，卵形，先端钝。叶纸质，卵状椭圆形至倒卵形或近圆形，先端渐尖或钝，基部楔形。花雌雄异株，但间或有雄株中有少数雌花，雌株中有少数雄花的，花序腋生，为聚伞花序；花冠钟状，不长过花萼的两倍，黄白色；雌花单生叶腋，花冠管近四棱形；退化雄蕊 8 枚，着生在花冠管的基部，带白色。果橙黄色，果肉较脆硬，老熟时果肉变成柔软多汁；种子褐色，椭圆状。花期 5~6 月，果期 9~10 月。

　　原产于我国长江流域，现各省、区多有栽培。见于鹫峰、树木园、金山、寨尔峪。

黑枣(君迁子) *Diospyros lotus* Thunb.
柿树科 Ebenaceae　柿属

　　落叶乔木。树冠近球形或扁球形。树皮灰黑色或灰褐色，深裂或不规则的厚块状剥落；小枝褐色或棕色，有纵裂的皮孔；嫩枝通常淡灰色，有时带紫色，平滑或有时有黄灰色短柔毛。冬芽狭卵形，带棕色，先端急尖。叶近膜质，椭圆形至长椭圆形，先端渐尖或急尖，基部钝，宽楔形以至近圆形。雄花 1～3 朵腋生，簇生，近无梗；花萼钟形，4 裂；雌花单生，几无梗，淡绿色或带红色。果近球形或椭圆形，初熟时为淡黄色，后则变为蓝黑色，常被有白色薄蜡层。花期 5～6 月，果期 10～11 月。

　　生于中海拔山地、山坡、山谷的灌丛中。见于鹫峰、树木园。

点地梅 *Androsace umbellata*(Lour.) Merr.
报春花科 Primulaceae　点地梅属

　　一二年生草本。全株被节状的细柔毛。叶全
部基生，圆形至心状圆形，边缘具三角状裂齿。
花葶数条，由基部抽出，顶端着生伞形花序；花
萼5深裂，裂片卵形；花冠白色，漏斗状，喉部
黄色，5裂；雄蕊着生于花冠筒中部。蒴果近球
形；种子褐色。花期2~4月，果期5~6月。

　　广布于我国华北和秦岭以南各省。生于田边、山坡林下、草丛中。见于鹫峰、萝芭
地、寨尔峪。

狼尾花 *Lysimachia barystachys* Bunge
报春花科 Primulaceae　珍珠菜属

　　多年生草本。具横走的根茎，全株密被卷曲柔毛。叶互生，窄披针形，无腺点。总状花序顶生，花时常弯曲；花萼分裂近达基部；花冠白色，裂片舌状狭矩圆形；雄蕊 5 枚，内藏，花丝有微毛；果期花序直立。蒴果球形。花期 6~7 月，果期 9 月。

　　广布于我国各省。生于山坡、林缘、林下、灌草丛中。见于鹫峰、萝芭地、寨尔峪。

狭叶珍珠菜 *Lysimachia pentapetala* Bunge
报春花科 Primulaceae　珍珠菜属

　　一年生草本。叶互生，条状披针形，背面常有赤褐色腺点，边缘具微齿。总状花序直立，初时密集成头状，后渐伸长；花萼合生至中部以上，裂片披针形；花冠白色，5 深裂至基部。蒴果近球形。花期 7~8 月，果期 9 月。

　　广布于我国各省。生于田边、林下。见于鹫峰、萝芭地、金山、寨尔峪。

　　相似种：狼尾花的叶宽而厚，无腺点，花序偏向一侧；狭叶珍珠菜的叶窄而薄，背面有腺点，花序直立。

软枣狝猴桃* *Actinidia arguta*(Sieb. et Zucc.)Planch.
狝猴桃科 Actinidiaceae 狝猴桃属

　　木质藤本。髓褐色，片状。叶片卵圆形或矩圆形，边缘有锐锯齿。花单性异株；腋生聚伞花序有花3~6朵；花白色，5数；雄花雄蕊多数；雌花花柱丝状，多数右下，有不育雄蕊。浆果球形至矩圆形，无毛，不具宿存萼片，可食，味甜。花期4月，果期8~10月。

　　本种分化强烈，分布地区广阔。从最北的黑龙江岸至南方广西境内的五岭山地都有分布。见于树木园。

中华猕猴桃* *Actinidia chinensis* Planch.
獼猴桃科 Actinidiaceae　獼猴桃属

　　大型落叶藤本。髓白色至淡褐色，片层状。叶纸质，倒阔卵形至倒卵形，横脉比较发达，易见，网状小脉不易见。聚伞花序1~3花，均被灰白色丝状绒毛或黄褐色茸毛，萼片3~7片，通常5片，阔卵形至卵状长圆形；花初放时白色，放后变淡黄色，有香气。果黄褐色，近球形、圆柱形，宿存萼片反折。花期4~5月，果期9月。
　　生于海拔200~600米低山区的山林中。见于树木园。

狗枣猕猴桃 *Actinidia kolomikta* Maxim.

猕猴桃科 Actinidiaceae　猕猴桃属

　　木质藤本。髓白色，片层状。叶膜质或薄纸质，阔卵形、长方卵形至长方倒卵形，两侧不对称，边缘有单锯齿或重锯齿。聚伞花序，雄性的有花3朵，雌性的通常1花单生；花白色或粉红色，芳香，长方卵形，花瓣5片，长方倒卵形，花药黄色，长方箭头状；子房圆柱状，长约3毫米，无毛，花柱长3~5毫米。果柱状长圆形，果皮洁净无毛。花期5~7月，果期9~10月。

　　生于中海拔山地混交林或杂木林中的开阔地。见于萝芭地。

迎红杜鹃 (蓝荆子) *Rhododendron mucronulatum* Turcz.
杜鹃花科 Ericaceae　杜鹃花属

　　落叶灌木。多分枝。小枝具鳞片。叶长椭圆状披针形，疏生鳞片，先端尖。花冠宽漏斗形，淡紫红色，雄蕊 10；3～6 朵簇生；叶前开花。蒴果长圆形，先端 5 瓣开裂。花期 3～4 月，果期 6～7 月。

　　生于山地灌丛。见于树木园、萝芭地、金山。

照山白 *Rhododendron micranthum* Turcz.
杜鹃花科 Eriaceae　杜鹃花属

　　半常绿灌木。树皮灰褐色，幼枝有褐色垢鳞。叶集生枝顶，革质，椭圆状长圆形或到披针形，叶背密生褐色垢鳞，干时呈铁锈色。总状花序顶生，多花密集；花小，白色，花萼5裂，裂片卵形至披针形；花冠钟状；雄蕊10，伸出，无毛；子房5室，花柱比雄蕊短。蒴果长圆形，被疏鳞片。花期5月，果期6~8月。有剧毒，幼叶毒更烈。
　　生于林下灌丛中，常为优势种。见于树木园。

杜仲 *Eucommia ulmoides* Oliv.
杜仲科 Eucommiaceae　杜仲属

　　落叶乔木。枝具片状髓。单叶互生，椭圆形，缘有锯齿，老叶表面网脉下陷。花单性异株，无花被。小坚果有翅，长椭圆形，扁而薄，顶端二裂。枝、叶、果断裂后有弹性丝相连。早春开花，秋后果实成熟。树皮供药用。喜光，耐寒，在酸性、钙质、中性或轻盐土中均能适应。

　　原产于我国长江流域各省。北京有栽培。见于鹫峰、树木园。

六月雪* *Serissa japonica* (Thunb.) Thunb.
茜草科 Rubiaceae　白马骨属

　　小灌木。小枝揉之发出臭气。叶对生，革质，卵形，顶端短尖至长尖，全缘，无毛；叶柄短。花单生或数朵丛生于小枝顶部或腋生；萼檐裂片被毛，短于花冠管；花冠漏斗形，顶部4~6裂；花冠淡红色或白色，顶端3裂；雄蕊突出冠管喉部外；花柱长突出，柱头2；子房下位。球形核果。花期5~7月。

　　生于河溪边或丘陵的杂木林内，现用于栽培。见于树木园。

鸡矢藤 *Paederia scandens*(Lour.) Merr.
茜草科 Rubiaceae　鸡矢藤属

　　藤本植株有恶臭气味。叶对生，宽卵形，对生；托叶三角形，于两叶柄间合生。圆锥花序式的聚伞花序腋生和顶生；花冠筒状，外面白色，内面紫色，顶部 4～5 裂，密被柔毛。核果球形，成熟时近黄色。花期 5～7 月。
　　生于路旁。见于树木园。

茜草 *Rubia cordifolia* L.

茜草科 Rubiaceae　茜草属

　　草质藤本。小枝有明显的 4 棱，棱上有倒生小刺，靠小刺攀缘；根紫红色或橙红色。叶 4 片轮生，有时多达 8 片，卵形至卵状披针形，基部圆形至心形，上面粗糙，下面脉上和叶柄常有倒生小刺。聚伞花序大而疏松；花小，白色或黄白色，花冠辐状，5 裂，裂片近卵形，微伸展。浆果近球形，熟时紫黑色，含 1 颗种子。花期 8 ~ 9 月，果期 10 ~ 11 月。

　　生于房前屋后、路旁、田边、山坡、草丛中，极常见。见于鹫峰、萝芭地、寨尔峪。

薄皮木 *Leptodermis oblonga* Bge.
茜草科 Rubiaceae　薄皮木属

　　落叶灌木。小枝纤细，灰色至淡褐色，表皮薄，常片状剥落。叶对生，叶片矩圆形或倒披针形；托叶膜质而透明，三角形，在中部连合成一长尖。花5数，无梗，2~10朵簇生于枝顶或叶腋内；花萼5裂，比萼筒短，有睫毛；花冠淡紫色，裂片5，漏斗状，花冠管稍弯曲，裂片披针形，长为花冠筒的1/4或1/5；子房下位。蒴果椭圆形。花期6~8月，果期10月。

　　生于山坡、路旁、林下、灌丛中，以阴坡最为常见。见于鹫峰、树木园、萝芭地、金山、寨尔峪。

拉拉藤 *Galium aparine* L.
茜草科 Rubiaceae　拉拉藤属

　　攀缘状草本。茎有 4 棱角；棱上、叶缘、叶脉上均有倒生的小刺毛。叶纸质或近膜质，6~8 片轮生，带状倒披针形，顶端有针状凸尖头，两面常有紧贴的刺状毛。聚伞花序，花小，4 数，有纤细的花梗；花萼被钩毛，萼檐近截平；花冠黄绿色或白色，辐状，裂片长圆形；子房被毛。果有 1 个或 2 个近球状的分果爿，肿胀，密被钩毛。花期 3~7 月，果期 4~11 月。

　　生于山坡、旷野或沟边等地。见于鹫峰、寨尔峪。

线叶拉拉藤 *Galium linearifolium* Turcz.
茜草科 Rubiaceae　拉拉藤属

　　多年生草本。茎四棱，常近地面分枝成丛生状。叶4片轮生；狭条形，常稍弯，上面粗糙，下面中脉被短硬毛，1脉。聚伞花序顶生，疏散，少至多花；花小，白色，有纤细梗；花萼和花冠均无毛。果无毛，果爿近球状，单生或双生。花期6~8月，果期7~9月。

　　生于山坡或沟谷林缘、草丛中。见于鹫峰、金山、萝芭地。

中国扁蕾 *Gentianopsis barbata* var. *sinensis* Ma.
龙胆科 Gentianaceae　扁蕾属

二年至多年生草本。茎直立，四棱形。叶对生，茎基部的叶条状披针形，辐状排列，花时枯萎；茎上部的叶 4~10 对，条状披针形，边缘稍反卷。花顶生，蓝紫色。花萼筒状钟形，具4棱，裂片边缘具白色膜质边；花冠钟状，顶端4裂，裂片椭圆形，具微波状齿，近基部边缘具流苏状毛；雄蕊4；腺体4。蒴果；种子卵圆形，具指状突起。花果期7~9月。

产于西南、西北、华北、东北等地区及湖北西部。见于金山。

小龙胆（石龙胆） *Gentiana squarrosa* Ledeb.
龙胆科 Gentianaceae 龙胆属

一年生小草本。茎直立，光滑，自基部多分枝。叶坚硬，近革质，对生，边缘软骨质，下缘有细乳突，匙形，向外反卷。花数朵，单生于小枝顶端，密集，花萼漏斗形，裂片坚硬，近革质，线状三角形或狭三角形；花冠蓝色，筒状漏斗形；雄蕊着生于冠筒中部，整齐，花丝线形，花药矩圆形或线状矩圆形。蒴果仅先端外露，倒卵形或矩圆状匙形。花果期4~8月。

生于山坡、林下。见于金山、寨尔峪。

龙胆科
Gentianaceae

当药（北方獐牙菜）
Swertia diluta(Turcz.) Benth. Et Hook. f.

当药（北方獐牙菜）*Swertia diluta* (Turcz.) Benth. Et Hook. f.

龙胆科 Gentianaceae 獐牙菜属

一年生草本。茎直立，四棱形，棱上具窄翅，多分枝。叶对生，无柄，叶片条状披针形至条形。圆锥状复聚伞花序具多花，花梗直立，四棱形；花萼绿色，裂片条形；花冠淡蓝色，5 深裂，基部有 2 个腺窝，边缘有流苏状毛，毛表面光滑。蒴果卵形，种子深褐色，矩圆形，表面具小瘤状突起。花果期 8 ~ 10 月。

生于阴湿山坡、山坡、林下、田边、谷地。见于萝芭地。

紫筒草 *Stenosolenium saxatile*(Pall.) Turcz.
紫草科 Boraginaceae　紫筒草属

　　多年生草本。根细锥形，根皮紫褐色。叶互生，匙状条形，两面密生硬毛。聚伞花序顶生，逐渐延长；花萼密生长硬毛，裂片钻形；花冠紫色，筒部细长，檐部5裂，裂片开展；雄蕊着生于花冠筒中部之上，内藏。小坚果斜卵形。花期5~6月，果期6~8月。
　　生于路旁草丛中。见于金山。

粗糠树[*] *Ehretia macrophylla* Wall.
厚壳树科 Ehretiaceae　厚壳树属

　　落叶乔木。树皮灰褐色，纵裂。枝条褐色，小枝淡褐色，均被柔毛。叶边缘具开展的锯齿，上面密生具基盘的短硬毛，极粗糙，下面密生短柔毛；叶柄被柔毛。聚伞花序顶生；花无梗；花萼裂至近中部，裂片卵形或长圆形，具柔毛；花冠筒状钟形；雄蕊伸出花冠外。核果黄色，近球形。花期 3~5 月，果期 6~7 月。

　　生于海拔 125~2300 米山坡疏林及土质肥沃的山脚阴湿处。见于鹫峰、树木园（引栽）。

打碗花 *Calystegia hederacea* Wall. ex Roxb.
旋花科 Convolvulaceae　打碗花属

　　一年生草本。全体不被毛。茎细，平卧，有细棱。基部叶片长圆形，顶端圆，基部戟形，上部叶片 3 裂，中裂片长圆形或长圆状披针形，侧裂片近三角形。花腋生，1 朵；花冠淡紫色或淡红色，钟状。蒴果卵球形，宿存萼片与之近等长或稍短。种子黑褐色，表面有小疣。

　　为农田、荒地、路旁常见的杂草。见于寨尔峪。

藤长苗 *Calystegia pellita*(Ledeb) G. Don.
旋花科 Convolvulaceae　打碗花属

多年生草本。根细长。茎缠绕或下部直立，圆柱形，有细棱。叶长圆形或长圆状线形，顶端钝圆或锐尖，基部圆形、截形或微呈戟形，全缘，两面被柔毛。花腋生，单一；花冠淡红色，漏斗状。蒴果近球形。种子卵圆形，无毛。

生于路边、田边杂草中或山坡、草丛中。见于寨尔峪。

篱打碗花 *Calystegia sepium*（L.）R. Br.
旋花科 Convolvulaceae　打碗花属

多年生草本。茎缠绕，伸长，有细棱。叶形多变，三角状卵形或宽卵形，顶端渐尖或锐尖，基部戟形或心形，全缘或基部稍伸展为具 2~3 个大齿缺的裂片；花腋生，1 朵；花冠通常为白色或有时淡红色或紫色，漏斗状。蒴果卵形，为增大宿存的苞片和萼片所包被。种子黑褐色，表面有小疣。

生于中高海拔路旁、溪边草丛、农田边或山坡、林缘。见于寨尔峪。

牵牛花 *Pharbitis nil*(L.) Choisy

旋花科 Convolvulaceae　牵牛属

　　一年生缠绕草本。叶宽卵形或近圆形，深或浅的 3 裂，偶 5 裂，基部圆，心形，中裂片长圆形或卵圆形，渐尖或骤尖，侧裂片较短，三角形，裂口锐或圆。花腋生，单一或通常 2 朵着生于花序梗顶；花冠漏斗状，蓝紫色或紫红色，花冠管色淡；雄蕊及花柱内藏；雄蕊不等长。蒴果近球形，3 瓣裂。

　　生于山坡灌丛、干燥河谷路边、园边宅旁、山地路边，或为栽培。见于鹫峰、树木园、寨尔峪。

圆叶牵牛 *Pharbitis purpurea* (L.) Voigt.
旋花科 Convolvulaceae　牵牛属

　　一年生缠绕草本。叶圆心形或宽卵状心形，基部圆，心形，顶端锐尖、骤尖或渐尖，通常全缘，偶有 3 裂；花腋生，单一或 2～5 朵着生于花序梗顶端成伞形聚伞花序；花冠漏斗状，紫红色、红色或白色，花冠管通常白色，瓣中带于内面色深，外面色淡；雄蕊与花柱内藏；蒴果近球形，3 瓣裂。种子卵状三棱形，黑褐色或米黄色。

　　生于田边、路边、宅旁或山谷林内，栽培或沦为野生。见于鹫峰、金山、寨尔峪。

菟丝子 *Cuscuta chinensis* Lam.
旋花科 Convolvulaceae　菟丝子属

　　一年生寄生草本。茎缠绕，黄色，纤细。无叶。花序侧生，少花或多花簇生成小伞形或小团伞花序，近于无总花序梗；苞片及小苞片小，鳞片状；花冠白色，壶形，蒴果球形。种子2~49，淡褐色，卵形，表面粗糙。
　　生于中高海拔田边、山坡阳处、路边灌丛或海边沙丘。见于寨尔峪。

金灯藤（日本菟丝子）*Cuscuta japonica* Choisy.
旋花科 Convolvulaceae　菟丝子属

　　一年生寄生缠绕草本。茎较粗壮，肉质，黄色，多分枝。无叶。花无柄或几无柄，形成穗状花序；花萼碗状，肉质；花冠钟状，淡红色或绿白色，雄蕊5，鳞片5，边缘流苏状。蒴果卵圆形。种子褐色。花期8月，果期9月。
　　寄生于草本或灌木上。见于鹫峰、塞尔峪。

田旋花 *Convolvulus arvensis* L.
旋花科 Convolvulaceae　旋花属

　　多年生草本。根状茎横走。叶卵状长圆形至披针形，先端钝或具小短尖头，基部大多戟形，全缘或3裂；叶脉羽状，基部掌状。花序腋生；花冠宽漏斗形，白色或粉红色，蒴果卵状球形。种子4，卵圆形。

　　生于耕地及荒坡草地上。见于鹫峰、寨尔峪。

北鱼黄草 *Merremia sibirica* (L.) Hall. F.
旋花科 Convolvulaceae　鱼黄草属

　　缠绕草本。植株各部分近于无毛。茎圆柱状，具细棱。叶卵状心形，顶端长渐尖或尾状渐尖，基部心形，全缘或稍波状。聚伞花序腋生，有（1～）3～7朵花；萼片椭圆形，近于相等，花冠淡红色，钟状。蒴果近球形。

　　生于中高海拔路边、田边、山地草丛或山坡灌丛。见于寨尔峪。

西红柿 *Lycopersicon esculentum* Mill.
茄科 Solanaceae　番茄属

　　全体生黏质腺毛，有强烈气味。茎易倒伏。叶羽状复叶或羽状深裂，小叶极不规则，大小不等，卵形或矩圆形，边缘有不规则锯齿或裂片。花萼辐状，裂片披针形，果时宿存；花冠辐状，黄色。浆果扁球状或近球状，肉质而多汁液，橘黄色或鲜红色，光滑；种子黄色。花果期夏秋季。

　　果实为盛夏的蔬菜和水果。见于鹫峰、萝芭地。

宁夏枸杞[*]（中宁枸杞）*Lycium barbarum* L.
茄科 Solanaceae　枸杞属

灌木。或栽培因人工整枝而成大灌木。分枝细密，有纵棱纹，灰白色或灰黄色，叶互生或簇生，披针形或长椭圆状披针形，顶端短渐尖或急尖。花在长枝上 1~2 朵生于叶腋，在短枝上 2~6 朵同叶簇生；花萼钟状；花冠漏斗状，紫堇色。浆果红色或在栽培类型中也有橙色，果皮肉质，多汁液。种子常 20 余粒，略成肾脏形，扁压，棕黄色。花果期较长，一般从 5 月到 10 月边开花边结果。

常生于土层深厚的沟岸、山坡、田埂和宅旁，耐盐碱、沙荒和干旱。见于树木园。

枸杞 *Lycium chinensis* Mill.

茄科 Solanaceae 枸杞属

多分枝灌木。枝条细弱，弓状弯曲或俯垂，淡灰色，有纵条纹。叶纸质或栽培者质稍厚。花在长枝上单生或双生于叶腋，在短枝上则同叶簇生。花冠漏斗状，淡紫色；花柱稍伸出雄蕊，上端弓弯，柱头绿色。浆果红色，卵状。种子扁肾脏形，黄色。花果期 6 ~ 11 月。

常生于山坡、荒地、丘陵地、盐碱地、路旁及村边宅旁。见于树木园、寨尔峪。

曼陀罗 *Datura stramonium* L.
茄科 Solanaceae　曼陀罗属

　　草本或半灌木。全体近于平滑或在幼嫩部分被短柔毛。茎粗壮，圆柱状，淡绿色或带紫色，下部木质化。叶广卵形，顶端渐尖，基部不对称楔形，边缘有不规则波状浅裂，裂片顶端急尖。花单生于枝杈间或叶腋，直立，有短梗；花萼筒状，筒部有 5 棱角；花冠漏斗状，下半部带绿色，上部白色或淡紫色；子房密生柔针毛。蒴果直立生，卵状。种子卵圆形，稍扁，黑色。花期 6~10 月，果期 7~11 月。

　　常生于住宅旁、路边或草地上，也有作药用或观赏而栽培。见于树木园。

野海茄 *Solanum japonense* Nakai
茄科 Solanaceae　茄属

　　草质藤本。无毛或小枝被疏柔毛。叶三角状宽披针形或卵状披针形，先端长渐尖，基部圆或楔形，边缘波状，中脉明显，侧脉纤细。聚伞花序顶生或腋外生，疏毛；萼浅杯状；花冠紫色。浆果圆形，成熟后红色；种子肾形。花期夏秋间，果熟期秋末。

　　生于荒坡、山谷、水边、路旁及山崖疏林下。见于鹫峰、萝芭地、金山、塞尔峪。

龙葵 *Solanum nigrum* L.
茄科 Solanaceae　茄属

　　一年生直立草本。茎无棱或棱不明显，绿色或紫色，近无毛或被微柔毛。叶卵形，先端短尖，基部楔形至阔楔形而下延至叶柄，全缘或每边具不规则的波状粗齿。蝎尾状花序腋外生；萼小，浅杯状；花冠白色；花丝短，花药黄色。浆果球形，熟时黑色。种子多数，两侧压扁。

　　喜生于田边、荒地及村庄附近。见于鹫峰、金山、寨尔峪。

美国白蜡(美国白桉) * *Fraxinus americana* L.
木犀科 Oleaceae　桉属

　　落叶乔木。树皮灰色，粗糙，皱裂。顶芽圆锥形，尖头，被褐色糠秕状毛。羽状复叶；叶轴圆柱形，上面具较宽的浅沟，密被灰黄色柔毛。圆锥花序生于去年生枝上；花密集，雄花与两性花异株，与叶同时开放。翅果狭倒披针形，上中部最宽，先端钝圆或具短尖头，翅下延近坚果中部，坚果圆柱形脉棱明显。花期4月，果期8～10月。

　　生于河湖边岸湿润地段，树姿美丽。见于树木园。

　　与美国红桉（洋白蜡）的区别是：红桉顶芽圆锥形，尖头，老枝上的叶痕上缘截平，小叶无柄或近无柄，果翅下延超过坚果的1/3，几达中部；白桉顶芽卵形，钝头，叶痕上缘凹形，小叶柄长0.5～1.5厘米，果翅下延不超过坚果的1/3处。

小叶白蜡(小叶梣) *Fraxinus bungeana* DC.
木犀科 Oleaceae　梣属

　　落叶小乔木或灌木。树皮暗灰色，浅裂。羽状复叶，叶轴直，上面具窄沟，被细绒毛；小叶硬纸质，阔卵形，菱形至卵状披针形，叶缘具深锯齿至缺裂状，两面均光滑无毛，中脉在两面凸起。圆锥花序顶生或腋生枝梢，疏被绒毛，雄花花萼小，杯状，雄蕊与裂片近等长，花药小，椭圆形，花丝细；两性花花萼较大，萼齿锥尖。翅果匙状长圆形，上中部最宽，先端急尖、钝；圆或微凹，翅下延至坚果中下部，坚果略扁；花萼宿存。
　　花期 5 月，果期 8 ~ 9 月。
　　生于较干燥向阳的砂质土壤或岩石缝隙中，海拔 0 ~ 1500 米。见于鹫峰、树木园、萝芭地。

白蜡 *Fraxinus chinensis* Roxb.
木犀科 Oleaceae　梣属

　　落叶乔木。树皮灰褐色，纵裂。芽阔卵形或圆锥形，被棕色柔毛或腺毛。小枝黄褐色，粗糙，无毛或疏被长柔毛，旋即秃净，皮孔小，不明显。羽状复叶；叶轴挺直，上面具浅沟，初时疏被柔毛，旋即秃净；小叶硬纸质，卵形、倒卵状长圆形至披针形。圆锥花序顶生或腋生枝梢，花雌雄异株；雄花密集，花萼小，钟状；雌花疏离，花萼大，桶状。翅果匙形，上中部最宽，先端锐尖，常呈犁头状；坚果圆柱形。花期4～5月，果期7～9月。

　　多为栽培，也见于海拔800～1600米山地杂木林中。见于树木园、萝芭地、寨尔峪。

水曲柳[*] *Fraxinus mandschurica* Rupr.
木犀科 Oleaceae　梣属

　　落叶乔木。树皮厚，灰褐色，纵裂；小枝粗壮，黄褐色至灰褐色，四棱形，节膨大，光滑无毛。羽状复叶；叶轴上面具平坦的阔沟，沟棱有时呈窄翅状，小叶着生处具关节，纸质，长圆形至卵状长圆形；叶缘具细锯齿，上面暗绿色。圆锥花序生于去年生枝上，先叶开放；雄花与两性花异株，均无花冠也无花萼；雄花序紧密，花梗细而短；两性花序稍松散，花梗细而长，两侧常着生 2 枚甚小的雄蕊，子房扁而宽，花柱短。翅果大而扁，长圆形至倒卵状披针形。花期 4 月，果期 8~9 月。

　　生于海拔 700~2100 米的山坡疏林中或河谷平缓山地。见于树木园、萝芭地。

大叶白蜡 (花曲柳) *Fraxinus rhynchophylla* Hce.
木犀科 Oleaceae   梣属

　　落叶大乔木。树皮灰褐色，光滑，老时浅裂。冬芽阔卵形，顶端尖，黑褐色，具光泽，内侧密被棕色曲柔毛。羽状复叶；叶轴上面具浅沟，小叶革质，阔卵形、倒卵形或卵状披针形，顶生小叶显著大于侧生小叶，下方 1 对最小，先端渐尖、骤尖或尾尖；叶缘呈不规则粗锯齿状。圆锥花序顶生或腋生当年生枝梢；苞片长披针形，先端渐尖，无毛，早落；雄花与两性花异株；花萼浅杯状，萼毛三角形无毛；无花冠；两性花具雄蕊 2 枚，花药椭圆形。翅果线形，翅下延至坚果中部，坚果略隆起。花期 4~5 月，果期 9~10 月。

　　生于山坡、河岸、路旁，海拔 1500 米以下。见于鹫峰、树木园、萝芭地、金山、寨尔峪。

紫丁香[*] *Syringa oblata* Linal.
木犀科 Oleaceae　丁香属

　　灌木或小乔木。树皮灰褐色或灰色。小枝、花序轴、花梗、苞片、花萼、幼叶两面以及叶柄均无毛而密被腺毛。叶片革质或厚纸质，卵圆形至肾形，宽常大于长，上面深绿色，下面淡绿色；萌枝上叶片常呈长卵形。圆锥花序直立，由侧芽抽生，近球形或长圆形；花萼萼齿渐尖、锐尖或钝；花冠紫色，花冠管圆柱形。果倒卵状椭圆形、卵形至长椭圆形，先端长渐尖，光滑。花期4~5月，果期6~10月。

　　生于山坡丛林、山沟溪边、山谷路旁及滩地水边，海拔300~2400米。见于鹫峰。

白丁香* *Syringa oblata* var. *affinis* Lingdelsh
木犀科 Oleaceae　丁香属

　　灌木或小乔木。叶片较小，基部通常为截形、圆楔形至近圆形，或近心形。花白色。花期 4～5 月。
　　我国长江流域以北普遍栽培。见于树木园。

北京丁香* *Syringa pekinensis* Rupr.

木犀科 Oleaceae　丁香属

　　大灌木或小乔木。树皮褐色或灰棕色，纵裂。小枝带红褐色，细长。叶片纸质，卵形、宽卵形至近圆形，或为椭圆状卵形至卵状披针形，上面深绿色，干时略呈褐色，无毛，侧脉平，下面灰绿色，无毛，稀被短柔毛，侧脉平或略凸起。花序轴、花梗、花萼无毛；花序轴散生皮孔；花冠白色，呈辐状，花冠管与花萼近等长或略长；黄色，长圆形。果长椭圆形至披针形，先端锐尖至长渐尖，光滑，稀疏生皮孔。花期5~8月，果期8~10月。

　　生于山坡灌丛、疏林、密林或沟边，山谷或沟边林下，海拔600~2400米。见于树木园。

毛叶丁香(巧玲花) *Syringa pubescens* Turcz.
木犀科 Oleaceae　丁香属

　　落叶灌木。树皮灰褐色。小枝带四棱形，无毛，疏生皮孔。叶片卵形、椭圆状卵形、菱状卵形或卵圆形，叶缘具睫毛，上面深绿色，无毛，稀有疏被短柔毛，下面淡绿色，被短柔毛、柔毛至无毛。圆锥花序直立，通常由侧芽抽生，稀顶生；花序轴与花梗、花萼略带紫红色，无毛；花萼。截形或萼齿锐尖、渐尖或钝；花冠紫色，盛开时呈淡紫色，后渐近白色；花药紫色，位于花冠管中部略上。果通常为长椭圆形，先端锐尖或具小尖头，或渐尖，皮孔明显。花期5～6月，果期6～8月。

　　生于山坡、山谷灌丛中或河边沟旁，海拔 900～2100 米。见于树木园、萝芭地、金山、寨尔峪。

暴马丁香 *Syringa reticulata* var. *mamdshurica* (Maxim.) Hara.
木犀科 Oleaceae 丁香属

　　落叶小乔木或大乔木。具直立或开展枝条；树皮紫灰褐色，具细裂纹。枝灰褐色，无毛；叶片厚纸质，宽卵形、卵形至椭圆状卵形，或为长圆状披针形，上面黄绿色，干时呈黄褐色；中脉和侧脉在下面凸起。圆锥花序由1到多对着生于同一枝条上的侧芽抽生；花序轴、花梗和花萼均无毛；花序轴具皮孔；萼齿钝、凸尖或截平；花冠白色，呈辐状；花药黄色。果长椭圆形，光滑或具细小皮孔。花期6~7月，果期8~10月。

　　生于山坡灌丛或林边、草地、沟边，或针、阔叶混交林中，海拔10~1200米。见于鹫峰、树木园、萝芭地、金山、寨尔峪。

红丁香[*] *Syringa villosa* Vahl.
木犀科 Oleaceae　丁香属

　　落叶灌木。枝直立，粗壮，灰褐色，具皮孔，小枝淡灰棕色，具皮孔。叶片卵形，椭圆状卵形、宽椭圆形至倒卵状长椭圆形，上面深绿色，无毛，下面粉绿色，稀无毛。圆锥花序直立，由顶芽抽生，长圆形或塔形；花序轴具皮孔；萼齿锐尖或钝；花冠淡紫红色、粉红色至白色，花冠管细弱，近圆柱形；花药黄色，位于花冠管喉部或稍凸出。果长圆形，先端凸尖，皮孔不明显。花期 5~6 月，果期 9 月。

　　生于山坡灌丛或沟边、河旁，海拔 1200~2200 米。见于树木园。

连翘* *Forsythia suspensa* (Thunb.) Vahl.

木犀科 Oleaceae 连翘属

　　落叶灌木。枝开展或下垂,棕色、棕褐色或淡黄褐色,小枝土黄色或灰褐色,略呈四棱形,疏生皮孔,节间中空,节部具实心髓。叶常为单叶,或三裂至三出复叶,叶片卵形、宽卵形或椭圆状卵形至椭圆形,上面深绿色,下面淡黄绿色,两面无毛。花生于叶腋,先叶开放;花萼绿色,裂片长圆形或长圆状椭圆形,花冠黄色,裂片倒卵状长圆形或长圆形。果卵球形、卵状椭圆形或长椭圆形,表面疏生皮孔。花期 3 ~ 4 月,果期 7 ~9 月。

　　生于山坡灌丛、林下或草丛中,或山谷、山沟疏林中,海拔 250 ~ 2200 米。见于鹫峰、树木园、塞尔峪。

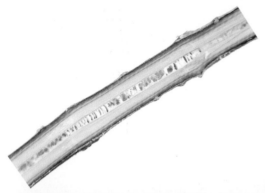

金钟花* *Forsythia viridissima* Lindle.
木犀科 Oleaceae 连翘属

落叶灌木。全株除花萼裂片边缘具睫毛外，其余均无毛；枝棕褐色或红棕色，直立，小枝绿色或黄绿色，呈四棱形，皮孔明显，具片状髓。叶片长椭圆形至披针形，或倒卵状长椭圆形，上面深绿色，下面淡绿色，两面无毛，中脉和侧脉在上面凹入，下面凸起。花生于叶腋，先叶开放；花萼裂片绿色，卵形、宽卵形或宽长圆形；花冠深黄色，裂片狭长圆形至长圆形。果卵形或宽卵形，先端喙状渐尖，具皮孔。花期3~4月，果期8~11月。

生于山地、谷地或河谷边林缘、溪沟边或山坡、路旁灌木丛中，海拔300~2600米。见于树木园。

流苏树* *Chionanthus retusus* Lindl. Et Paxt.
木犀科 Oleaceae　流苏树属

　　落叶灌木或乔木。小枝灰褐色或黑灰色，圆柱形，开展，无毛，幼枝淡黄色或褐色，疏被或密被短柔毛。叶片革质或薄革质，长圆形、椭圆形或圆形，有时卵形或倒卵形至倒卵状披针形，全缘或有小锯齿，叶缘稍反卷，幼时上面沿脉被长柔毛，下面密被或疏被长柔毛，叶缘具睫毛。聚伞状圆锥花序，顶生于枝端，近无毛；苞片线形，疏被或密被柔毛，单性而雌雄异株或为两性花；花萼裂片尖三角形或披针形；花冠白色，4深裂，裂片线状倒披针形。果椭圆形，被白粉，呈蓝黑色或黑色。花期3~6月，果期6~11月。
　　生于海拔3000米以下的稀疏混交林中或灌木丛中，或山坡、河边。见于树木园。

迎春花[*] *Jasminum nudiflorum* Lindl.
木犀科 Oleaceae 素馨属

　　落叶灌木。直立或匍匐。枝条下垂；枝稍扭曲，光滑无毛，小枝四棱形，棱上多少具狭翼；叶对生，三出复叶，小枝基部常具单叶；叶片和小叶片幼时两面稍被毛，老时仅叶缘具睫毛；小叶片卵形、长卵形或椭圆形，狭椭圆形，稀倒卵形。花单生于去年生小枝的叶腋，稀生于小枝顶端；苞片小叶状，披针形、卵形或椭圆形；花萼绿色，窄披针形，花冠黄色米。浆果双生或其中一个不育而成单生，果成熟时呈黑色或蓝黑色。花期6月。

　　生于山坡灌丛中，海拔 800～2000 米。我国及世界各地普遍栽培。见于鹫峰、树木园。

女贞[*] *Ligustrum lucidum* Ait.
木犀科 Oleaceae　女贞属

　　灌木或乔木。树皮灰褐色。枝黄褐色、灰色或紫红色，圆柱形，疏生圆形或长圆形皮孔。叶片常绿，革质，卵形、长卵形或椭圆形至宽椭圆形，叶缘平坦，上面光亮，两面无毛，中脉在上面凹入，下面凸起。圆锥花序顶生；花序基部苞片常与叶同形，小苞片披针形或线形，花萼无毛，齿不明显或近截形；花冠裂片反折。果肾形或近肾形，深蓝黑色，成熟时呈红黑色，被白粉。花期 5～7 月，果期 7 月至翌年 5 月。

　　生于海拔 2900 米以下疏、密林中。见于树木园。

金叶女贞[*] *Ligustrum × vicaryi* Rehder

木犀科 Oleaceae　女贞属

　　落叶灌木。叶片较大，叶色金黄，单叶对生，椭圆形或卵状椭圆形。总状花序，小花白色。核果阔椭圆形，紫黑色。花期6~7月。

　　是金边卵叶女贞和欧洲女贞的杂交种。见于鹭峰、树木园（引栽）。

小叶女贞* *Ligustrum quihoui* Carr.
木犀科 Oleaceae　女贞属

落叶灌木。小枝淡棕色，圆柱形，密被微柔毛，后脱落。叶片薄革质，形状和大小变异较大，披针形、长圆状椭圆形、椭圆形、倒卵状长圆形至倒披针形或倒卵形，叶缘反卷，上面深绿色，下面淡绿色，常具腺点，两面无毛，近叶缘处网结不明显。圆锥花序顶生，近圆柱形；小苞片卵形，具睫毛；花萼无毛，萼齿宽卵形或钝三角形；雄蕊伸出裂片外，花丝与花冠裂片近等长或稍长。果倒卵形、宽椭圆形或近球形，呈紫黑色。花期 5~7 月，果期 8~11 月。

生于沟边、路旁或河边灌丛中，或山坡，海拔 100~2500 米。见于树木园。

雪柳 * *Fontanesia fortunei* Carr.

木犀科 Oleaceae　雪柳属

落叶灌木或小乔木。树皮灰褐色。枝灰白色，圆柱形，小枝淡黄色或淡绿色，四棱形或具棱角，无毛。叶片纸质，披针形、卵状披针形或狭卵形，全缘，两面无毛，中脉在上面稍凹入或平，下面凸起。圆锥花序顶生或腋生，顶生花序长，腋生花序较短，花两性或杂性同株；苞片锥形或披针形；花萼微小，杯状，深裂，裂片卵形，膜质；花冠深裂至近基部，裂片卵状披针形。果黄棕色，倒卵形至倒卵状椭圆形，扁平，边缘具窄翅；种子，具三棱。花期4~6月，果期6~10月。

生于水沟、溪边或林中，海拔在800米以下。见于鹫峰、树木园、寨尔峪。

牛耳草 *Boea hygrometrica*(Bge.) R. Br.

苦苣苔科 Gesneriaceae　旋蒴苣苔属

　　多年生草本。叶基生，莲座状，无柄，叶片卵圆形，下面被贴伏长绒毛，边缘具牙齿或波状浅齿。聚伞花序伞状，2~5 条，每花序具 2~5 花；花萼钟状，5 裂至近基部；花冠淡蓝紫色，二唇形，外面近无毛；花柱伸出。蒴果矩圆形，成熟后螺旋状卷曲。

　　产于浙江、福建、江西、广东、广西、湖南、湖北、河南、山东、河北、辽宁、山西、陕西、四川及云南。见于鹫峰、寨尔峪。

车前 *Plantago asiatica* L.
车前科 Plantaginaceae　车前属

二年生或多年生草本。须根多数。叶基生呈莲座状；叶柄长，叶片宽卵形，边缘波状。花序穗状粗短；花冠白色，无毛，冠筒与萼片约等长，裂片狭三角；雄蕊着生于冠筒内近基部，与花柱明显外伸，花药卵状椭圆形。蒴果纺锤状卵形。种子卵圆形，具角，黑褐色。花期4~8月，果期6~9月。

广布于我国各省。生于草地、沟边、河岸湿地或田边。见于鹭峰、萝芭地、寨尔峪。

水苦荬 *Veronica undulata* Wall.
车前科 Plantaginaceae　婆婆纳属

　　多年生草本。叶片有时为条状披针形，通常叶缘有尖锯齿；茎、花序轴、花萼和蒴果上多少有大头针状腺毛；花梗在果期挺直，横叉开，与花序轴几乎成直角。花冠蓝色或白色，辐状，4裂。蒴果稍扁。花期8~9月。

　　广布于全国各省区，生于水边或沼泽。见于寨尔峪。

白背枫* *Buddleja asiatica* Lour.
玄参科 Scrophulariaceae　醉鱼草属

　　灌木。高 1~3 米；枝条圆柱形或近圆柱形；叶对生，叶片纸质，披针形、长圆状披针形或长椭圆形，边缘具重锯齿，上面深绿色，近无毛，下面被灰白色或淡黄色星状短绒毛。圆锥状聚伞花序顶生，花梗短，被长硬毛；花萼钟状，花萼裂片三角形，花冠淡紫色，后变白色，花冠裂片近圆形；雄蕊着生于花冠管喉部；蒴果长圆状；种子褐色，条状梭形，两端具长翅。花期 2~9 月，果期 8~12 月。

　　产于陕西、甘肃、河南、湖北、湖南、四川、贵州和云南，生于山地灌木丛中或林缘。见于树木园（引栽）。

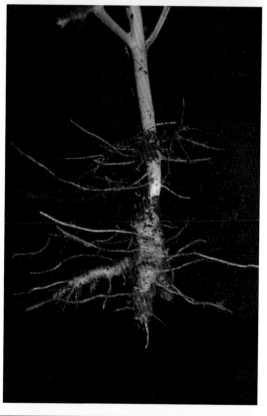

北玄参 *Scrophularia buergeriana* Miq.
玄参科 Scrophulariaceae　玄参属

　　高大草本。茎四棱形，具白色髓心，叶片卵形至椭圆状卵形，基部阔楔形至截形，边缘有锐锯齿。花序穗状，聚伞花序全部互生或下部的极接近而似对生；花冠黄绿色。蒴果卵圆形。花期7月，果期8~9月。
　　生于低山荒坡或湿草地。见于萝芭地。

藿香 *Agastache rugosa* (Fisch. & C. A. Mey.) Kuntze

唇形科 Lamiaceae　藿香属

　　多年生草本。茎在上部具能育的分枝。叶心状卵形至长圆状披针形，边缘具粗齿。轮伞花序多花，在主茎或侧枝上组成顶生的假穗状花序；苞片披针状条形；花萼筒状倒锥形；花冠淡紫蓝色，筒直伸，上唇微凹，下唇3裂。雄蕊伸出花冠；花柱顶端等2裂。小坚果卵状长圆形。花期6～9月，果期9～11月。

　　生于山坡或林缘。见于萝芭地。

筋骨草 *Ajuga ciliata* Bunge
唇形科 Lamiaceae　筋骨草属

　　多年生草本。叶对生，卵状椭圆形至狭椭圆形，叶缘具重锯齿。轮伞花序多花，排成顶生假穗状花序；苞片叶状，有时紫红色。花萼漏斗状钟形，10 脉，裂齿 5 枚，外有微毛；花冠紫色，具蓝色条纹，上唇直立，下唇伸展，中裂片倒心形；雄蕊伸出。小坚果卵状三棱形。花期 5~8 月，果期 7~9 月。
　　生于沟谷林缘、林下。见于寨尔峪。

水棘针 *Amethystea caerulea* L.

唇形科 Lamiaceae 水棘针属

一年生草本。茎被柔毛。叶对生，三角形或近卵形，3深裂，稀不裂或5裂，裂片披针形，边缘具粗锯齿或重锯齿，中裂片最长。松散具长梗的聚伞花序组成圆锥状花序；花萼钟形，具10脉，萼齿5枚，三角形，果时增大；花冠蓝色，二唇形；雄蕊4枚，前对能育，生于下唇基部，花芽时内卷，花时向后伸长，自上唇裂片间伸出。小坚果倒卵状三棱形。花期8~9月，果期9~10月。

生于山坡、路旁、水边、草丛中。见于鹫峰。

白棠子树 * *Callicarpa dichotoma*(Lour.)K. Koch.
唇形科 Lamiaceae　紫珠属

　　落叶灌木。小枝、叶柄和花序均被粗糠状星状毛。叶片卵状长椭圆形，顶端长渐尖，基部楔形，两面密生暗红色或红色细粒状腺点。聚伞花序，4～5 次分岐；苞片细小，线形；花冠紫色，被星状柔毛和暗红色腺点。果实球形，熟时紫色，无毛。花期 6～7 月，果期 8～11 月。

　　生于林中、林缘及灌丛中。见于树木园。

海州常山 *Clerodendron trichotomum* Thunb.

唇形科 Lamiaceae　大青属

　　落叶灌木。老枝灰白色，具皮孔，髓白色，有淡黄色薄片状横隔。叶片纸质，卵形，顶端渐尖，表面深绿色，背面淡绿色。伞房状聚伞花序顶生或腋生，通常二歧分枝，疏散。花萼蕾时绿白色，后紫红色，基部合生；花冠白色或带粉红色；雄蕊4，柱头2裂。核果近球形包藏于增大的宿萼内，成熟时外果皮蓝紫色。花果期6~11月。

　　生于海拔2400米以下的山坡灌丛中。见于树木园。

香青兰 *Dracocephalum moldavica* L.
唇形科 Lamiaceae　青兰属

一年生草本。基生叶卵圆状三角形，具疏圆齿和长柄，很快枯萎；茎生叶与基生叶近似，对生，叶片披针形，具齿，基部常具长刺。轮伞花序，每轮常具 4 花；苞片有毛和齿，齿具长刺；花冠淡蓝紫色，外被毛，具深紫色斑点；雄蕊微伸出。小坚果矩圆形。

生于山坡、路旁、灌草丛中、河滩。见于萝芭地。

岩青兰 *Dracocephalum rupestre* Hance
唇形科 Lamiaceae　青兰属

多年生草本。基生叶多数，花期存在；叶片三角状卵形，基部为深心形，边缘具圆锯齿；茎生叶对生，较基生叶为小。轮伞花序多轮，密集成头状；花萼二唇形，上唇3裂，下唇2裂，裂齿披针形；花冠蓝色，二唇形，上唇盔状，微凹。花期7~9月。

生于山坡石缝中、亚高山草甸。见于萝芭地。

夏至草 *Lagopsis supina*(Stephan ex Willd.)Ikonn. – Gal. ex Knorring
唇形科 Lamiaceae　夏至草属

　　多年生草本。花期有浓厚的草香味。基生叶具长柄，轮廓圆形，3 深裂，下面沿脉有长柔毛，秋季叶远较春季宽大，3 裂不达中部。轮伞花序疏花；花冠白色，二唇形，上唇全缘，下唇 3 裂；雄蕊 4 枚，二强，内藏。小坚果长卵形。花期 3～4 月，果期 5～6 月。
　　生于田边、路旁、草丛中。见于鹫峰、金山、寨尔峪。

益母草 *Leonurus japonicus* Houtt.

唇形科 Lamiaceae　益母草属

　　一年或二年生草本。茎下部叶轮廓为卵形，掌状 3 裂，裂片呈长圆状菱形，裂片上再分裂；茎中部叶轮廓为菱形，通常分裂成 3 个或多个长圆状线形的裂片。花序上叶呈条状披针形，全缘或具稀牙齿；轮伞花序腋生；花冠粉紫色，下唇等于或稍长于上唇，边缘反卷。小坚果长圆状三棱形。花期 6 ~ 9 月，果期 9 ~ 10 月。

　　生长于多种环境。见于鹫峰、萝芭地、金山、寨尔峪。

　　相似种：细叶益母草花序上的叶三全裂，花冠下唇短于上唇；益母草花序上的叶全缘或浅裂，花冠下唇长于上唇。

细叶益母草 *Leonurus sibiricus* L.
唇形科 Lamiaceae 益母草属

一年或二年生草本。茎最下部的叶早落，中部叶轮廓为卵形。叶对生，掌状三全裂，裂片再分裂成条状小裂片，花序上的叶三全裂。轮伞花序多花；花冠粉紫色，二唇形，上唇密被柔毛，下唇短于上唇；雄蕊4枚，前对较长。小坚果三棱形。花期7~9月，果期9月。

生于山坡、林缘、灌草丛中。见于鹫峰、寨尔峪。

欧地笋 *Lycopus europaeus* L.
唇形科 Lamiaceae 地笋属

多年生草本。根茎横走，节上生须根。茎直立，四棱形，通常不分枝或于上部分枝。叶披针形，下部叶羽状深裂，裂片单脉且全缘，上部叶浅裂。轮伞花序；花萼钟形；花冠白色，下唇具红色小斑点；前对雄蕊能育，伸出，后对雄蕊通常不存在或退化呈丝状。小坚果四边形，棕褐色，腹面中央具腺点，基部有一小白痕。花期 6~8 月，果期 8~9 月。
生于田边、沟边、潮湿草地。见于塞尔峪。

地笋 *Lycopus lucidus* Turcz. ex Benth.

唇形科 Lamiaceae　地笋属

叶对生，矩圆状披针形，长 3 ~ 9 厘米，边缘有锐锯齿。轮伞花序球形；花冠白色，不明显二唇形。

生于水边、河滩、湿润处。见于寨尔峪。

相似种：地笋的叶不裂，边缘有锐锯齿；欧地笋的叶羽裂。

薄荷 *Mentha canadensis* L.
唇形科 Lamiaceae　薄荷属

　　多年生草本。植株有香气。茎直立，下部具纤细的须根，锐四棱形。叶对生，叶片矩圆状披针形，边缘有粗锯齿。轮伞花序腋生；花萼管状钟形，外被微柔毛及腺点；花冠淡紫色，4裂，近辐射对称，上裂片稍大；雄蕊4枚，伸出于花冠之外；花盘平顶。小坚果卵珠形。

　　广生于水边、沟边。见于鹫峰、寨尔峪。

紫苏 *Perilla frutescens*（L.）Britton
唇形科 Lamiaceae　紫苏属

　　一年生草本。茎绿色或紫色。叶阔卵形，边缘有粗锯齿，两面绿色或紫色，或仅下面紫色。轮伞花序 2 花，组成偏向一侧的顶生及腋生总状花序；花萼钟形，内面喉部有疏柔毛环，果时增大；花冠白色至紫红色，被毛；花柱先端等 2 浅裂；花盘前方呈指状膨大。小坚果近球形。花期 8～11 月，果期 8～12 月。

　　广布于我国多省，常见栽培。见于鹫峰、寨尔峪。

糙苏 *Phlomoides umbrosa*(Turcz.) Kamelin & Makhm.

唇形科 Lamiaceae　糙苏属

　　多年生草本。茎多分枝。叶对生，叶片近圆形、圆卵形至卵状矩圆形。轮伞花序多数，生主茎及分枝上，其下有被毛的条状钻形苞片；花萼筒状，萼齿顶端具小刺尖；花冠粉色，上唇边缘有不整齐的小齿，边缘有髯毛。花期7~8月，果期8~9月。

　　生于山坡或沟谷林缘、林下。见于鹫峰、萝芭地、金山、寨尔峪。

黄芩 *Scutellaria baicalensis* Georgi

唇形科 Lamiaceae　黄芩属

多年生草本。茎基部伏地，钝四棱形，具细条纹。叶对生，条状披针形，全缘。总状花序顶生；花冠外面密被具腺短柔毛，内面在囊状膨大处被短柔毛；花萼基部有囊状凸起的盾片，果时极增大。小坚果卵球形。

生于山坡、林缘、林下、灌草丛中。见于萝芭地。

相似种：黄芩叶窄，全缘；北京黄芩叶宽，具圆钝锯齿。

北京黄芩 *Scutellaria pekinensis* Maxim.

唇形科 Lamiaceae   黄芩属

　　一年生草本。茎四棱形，基部带紫色。叶卵形，边缘有圆钝锯齿。花序顶生；花冠淡蓝紫色；冠筒前方基部略膝曲状；雄蕊 4 枚，2 强；花丝扁平，中部以下被纤毛。成熟小坚果栗色，卵形，具瘤，腹面中下部具一果脐。花期 6~8 月，果期 7~10 月。

　　生于山坡林下、沟谷林缘。见于金山、寨尔峪。

丹参 *Salvia miltiorrhiza* Bunge
唇形科 Lamiaceae　鼠尾草属

　　多年生草本。根肥厚，肉质，红色。奇数羽状复叶，对生；小叶卵圆形，边缘具圆齿，两面被疏柔毛，下面较密。轮伞花序多花，下部疏离，上部密集，组成顶生或腋生的总状花序；苞片披针形，全缘；花萼钟形，带紫色；花冠蓝紫色，二唇形；能育雄蕊2枚，伸至上唇；花柱伸出上唇，先端2裂，后裂片极短。小坚果椭圆形。
　　生于山坡、林下草丛或溪谷旁。见于萝芭地、金山、寨尔峪。

雪见草 *Salvia plebeia* R. Br.
唇形科 Lamiaceae 鼠尾草属

二年生草本。基生叶数枚，叶面极皱。茎生叶对生，叶片椭圆状卵形或披针形，叶面稍皱。轮伞花序具 6 花，密集成顶生的假圆锥花序；苞片披针形，细小；花萼钟状，外被长柔毛；花冠淡粉色至蓝紫色。雄蕊 2 枚。小坚果倒卵圆形，光滑。花期 4～5 月，果期 6～7 月。

生于田边、山坡、路旁、草丛中。见于鹫峰、寨尔峪。

裂叶荆芥 *Schizonepeta tenuifolia* Briq.
唇形科 Lamiaceae　裂叶荆芥属

　　一年生草本。茎下部的节及小枝基部通常微红。叶片指状 3 裂，裂片条形，中间的较大，两侧的较小，全缘。轮伞花序组成顶生长 2 ~ 13 厘米的假穗状花序；花冠粉紫色，冠筒包于萼内；雄蕊内藏，花药蓝色。小坚果长圆状三棱形。花期 7 ~ 9 月，果期 9 ~ 10 月。
　　生于山坡路边或山谷、林缘。见于鹫峰、萝芭地、寨尔峪。

荆条 *Vitex negundo* var. *heterophylla* (Franch.) Rehd.
唇形科 Lamiaceae　牡荆属

　　落叶灌木。小枝四棱形，密生灰白色绒毛。掌状复叶，小叶5；小叶片长圆状披针形，顶端渐尖，基部楔形，全缘或每边有少数粗锯齿，表面绿色，背面密生灰白色绒毛。聚伞花序排成圆锥花序式，顶生；花萼钟状，顶端有5裂齿，外有灰白色绒毛，花冠淡紫色，外有微柔毛，顶端5裂，二唇形；雄蕊伸出花冠管外。核果近球形。花期4～6月，果期7～10月。

　　生于山坡、路旁或灌木丛中。见于鹫峰、树木园、萝芭地、金山、寨尔峪。

通泉草 *Mazus japonicus*(Thunb.)O. Ktze.

通泉草科 Mazaceae 通泉草属

　　一年生草本。主根伸长，垂直向下或短缩，须根纤细，多数，散生或簇生。本种在体态上变化幅度很大。基生叶少到多数，有时成莲座状或早落，膜质至薄纸质，顶端全缘或有不明显的疏齿，基部楔形，下延成带翅的叶柄。总状花序生于茎、枝顶端；花萼钟状；花冠白色、紫色或蓝色，蒴果球形；种子小而多数，黄色。花果期4~10月。

　　遍布全国，生于海拔2500米以下的湿润的草坡、沟边、路旁及林缘。见于鹫峰。

弹刀子菜 *Mazus stachydifolius*（Turcz.）Maxim.
通泉草科 Mazaceae　通泉草属

　　多年生草本。粗壮，全体被多细胞白色长柔毛。根状茎短。茎直立，稀上升，圆柱形，老时基部木质化。基生叶匙形，有短柄，常早枯萎；茎生叶对生，上部的常互生，无柄，长椭圆形至倒卵状披针形，纸质，边缘具不规则锯齿。总状花序顶生；花萼漏斗状；花冠蓝紫色；雄蕊4枚，2强。蒴果扁卵球形。花期4~6月，果期7~9月。
　　生于海拔1500米以下的较湿润的路旁、草坡及林缘。见于寨尔峪。

透骨草科
Phrymataceae

透骨草 *Phryma leptostachya* L.
透骨草科 Phrymataceae　透骨草属

　　多年生草本。茎直立，四棱形，叶对生。叶片卵状长圆形、卵状披针形、草质，先端渐尖、尾状急尖或急尖，基部楔形、圆形或截形，中、下部叶基部常下延。穗状花序生茎顶及侧枝顶端，被微柔毛或短柔毛；花序轴纤细；花通常多数，疏离，出自苞腋，在序轴上对生或于下部互生，具短梗；花萼筒状，有 5 纵棱；花冠漏斗状筒形，蓝紫色、淡红色至白色；雄蕊 4，花丝狭线形；雌蕊无毛。瘦果狭椭圆形。花期 6～10 月，果期 8～12 月。

　　生于中高海拔阴湿山谷或林下。见于鹫峰、金山、寨尔峪。

毛泡桐[*] *Paulownia tomentosa*(Thunb.) Steud.
泡桐科 Paulowniaceae　泡桐属

　　落叶乔木。树冠宽大伞形，树皮褐灰色；小枝有明显皮孔，幼时常具黏质短腺毛。叶片心脏形，顶端锐尖头，全缘或波状浅裂；叶柄常有黏质短腺毛。小聚伞花序；萼浅钟形，花冠紫色，漏斗状钟形，子房卵圆形，有腺毛，花柱短于雄蕊。蒴果卵圆形；种子具翅。花期4～5月，果期8～9月。

　　通常栽培，西部地区有野生。见于树木园、金山、寨尔峪。

列当 *Orobanche coerulescens* Steph. Et Willd.
列当科 Orobanchaceae　列当属

　　二年生或多年生寄生草本。全株密被蛛丝状长绵毛；茎直立，不分枝。叶鳞片状，卵状披针形，黄褐色。顶生穗状花序，密被绒毛；苞片卵状披针形；花萼 2 深裂至基部，裂片顶端又 2 裂；花冠唇形，上唇 2 浅裂，下唇 3 裂，蓝色；雄蕊和花柱内藏。蒴果卵状椭圆形，长约 1 厘米，成熟后 2 裂；种子细小，黑色。花期 4～7 月，果期 7～9 月。

　　常寄生于蒿属 Artemisia L. 植物的根上；生于沙丘、山坡及沟边草地上。见于寨尔峪。

黄花列当 *Orobanche pycnostchya* Hance.

列当科 Orobanchaceae 列当属

二年生或多年生草本。全株密被腺毛；茎单一，直立。叶鳞片状，披针形，黄褐色。穗状花序，密生腺毛；苞片卵状披针形；花萼2深裂至基部，裂片顶端又2裂；花冠唇形，上唇2裂，下唇3裂，淡黄色，长1.5～2厘米，花冠筒近直立；花柱伸出花冠口。蒴果长圆形，干后深褐色，种子多数，干后黑褐色，长圆形。花期4～6月，果期6～8月。

寄生于蒿属 Artemisia L. 植物根上；生于沙丘、山坡及草原上。见于寨尔峪。

红纹马先蒿 *Pedicularis striata* Pall.

列当科 Orobanchaceae　马先蒿属

　　多年生草本。直立；根粗壮，有分枝。茎单出，或在下部分枝，老时木质化，壮实，密被短卷毛。叶互生，基生者成丛，茎叶很多，渐上渐小，叶片均为披针形，边缘有浅锯齿。花序穗状，伸长，稠密；花冠黄色，具绛红色的脉纹。蒴果卵圆形，两室相等；种子极小，黑色。花期6~7月，果期7~8月。

　　生于海拔1300~2650米的高山草原中及疏林中。见于萝芭地。

松蒿 *Phtheirospermum japonicum*(Thunb.) Kanitz.
列当科 Orobanchaceae　松蒿属

一年生草本。植体被多细胞腺毛。茎直立或弯曲而后上升，通常多分枝。叶具边缘有狭翅之柄，叶片长三角状卵形，近基部的羽状全裂，向上则为羽状深裂；小裂片长卵形或卵圆形，多少歪斜，边缘具重锯齿或深裂。花冠紫红色至淡紫红色。蒴果卵珠形；种子卵圆形，扁平。花果期 6~10 月。

生于中高海拔山坡灌丛阴处。见于萝芭地。

地黄 *Rehmannia glutinosa*(Gaetn.) Libosch. ex Fisch. et Mey.
列当科 Orobanchaceae 地黄属

　　草本。密被灰白色多细胞长柔毛和腺毛。根茎肉质，鲜时黄色，茎紫红色。叶通常在茎基部集成莲座状，叶片卵形至长椭圆形，下面略带紫色或呈紫红色，边缘具不规则圆齿或钝锯齿以至牙齿。总状花序，花冠外面紫红色，裂片5枚，内面黄紫色。蒴果卵形至长卵形。花果期4~7月。

　　生于荒山坡、山脚、墙边、路旁等处。见于鹫峰、萝芭地、金山、寨尔峪。

阴行草 *Siphonostegia chinensis* Benth.
列当科 Orobanchaceae 阴行草属

　　一年生草本。直立。茎多单条，中空。叶对生，全部为茎出，下部者常早枯，上部者
茂密，叶片厚纸质，广卵形。花对生于茎枝上部，或有时假对生，构成稀疏的总状花序；
花冠上唇红紫色，下唇黄色；雄蕊二强。蒴果被包于宿存的萼内，种子多数，黑色。花期
6～8月。
　　生于海拔 800～3400 米的干山坡与草地中。见于寨尔峪、萝芭地。

角蒿 *Incarvillea sinensis* Lam.
紫葳科 Bignoniaceae　角蒿属

　　一年生草本。茎圆柱形，有条纹。茎下部的叶对生，分枝上的叶互生，二至三回羽状分裂，末回裂片条形或条状披针形。花序总状；花梗基部有 1 苞片和 2 小苞片；花萼钟状，萼齿钻形，被微柔毛，基部膨胀；花冠二唇形，紫红色，常常刚开放几小时即脱落；花冠筒内基部有腺毛，裂片圆或凹入；雄蕊 4 枚。蒴果圆柱形，先端渐尖，呈角状；种子卵形，有翅。花期 5~8 月，果期 6~9 月。

　　生于村边、山坡、路旁、灌草丛中，常见。见于萝芭地。

美国凌霄[*] *Campsis radicans*（L.）Seem.
紫葳科 Bignoniaceae　凌霄属

　　落叶木质攀缘藤本。树皮灰褐色，细条状纵裂。枝条黄褐色或紫褐色，具气生根。奇数羽状复叶对生，椭圆形至卵状椭圆形，先端尾状渐尖，基部楔形或圆形，边缘有锯齿，下面被柔毛。顶生圆锥花序；花萼钟状，近革质，5 浅裂，裂片卵状三角形；花冠漏斗状钟形，5 裂；2 强雄蕊。蒴果，长圆形，2 瓣裂；种子扁平，具翅。花期 6 ~ 8 月，果期 10 月。见于鹫峰、树木园。

楸树 * *Catalpa bungei* Mey.
紫葳科 Bignoniaceae　梓属

　　落叶乔木。树冠多呈倒卵形；树皮灰褐色，浅纵裂。小枝粗壮，无毛，有光泽。单叶对生或 3 叶轮生，长三角状卵形，基部截形或浅心形，顶端尾尖，两面无毛，背面脉腋具紫色腺斑。总状花序伞房状，顶生；萼 2 裂，花冠二唇形，上唇 2 裂，下唇 3 裂，内有黄色条纹和紫斑点，发育雄蕊 2，内藏，退化雄蕊 2~3。蒴果细长。花期 4~5 月，果期 9~10 月。见于树木园、寨尔峪。

梓树* *Catalpa Ovata* G. Don.
紫葳科 Bignoniaceae　梓属

　　乔木。叶对生，叶片阔卵形，长宽近相等，基部心形，常3浅裂，背面基部有4个紫色腺体。顶生圆锥花序；花萼蕾时圆球形，2唇开裂；花冠钟状，淡黄色，内面具黄色条纹及紫色斑点。蒴果条形，下垂。花期6～7月，果期7～9月。区别于楸树：花冠淡黄色。小枝、叶柄花序轴被黏质毛。叶宽卵形，全缘或中上部3～5浅裂，掌状五出脉。
　　生于村旁、路边，或植于公园。见于树木园。

黄金树[*] *Catalpa speciosa* Ward.
紫葳科 Bignoniaceae　梓属

　　区别于楸树：圆锥花序。叶长卵形，背面被柔毛，基部脉腋有绿色腺斑。花冠白色，内有黄色条纹及紫色斑点。花期6~8月，果期7~9月。见于树木园。

展枝沙参 *Adenophora divaricata* Franch. et Sav.

桔梗科 Campanulaceae　沙参属

　　多年生草本。具白色乳汁。根胡萝卜形。茎直立，单一，无毛或具疏柔毛；上部花序分枝，基生叶早枯；茎生叶3~4片轮生，菱状卵形或狭卵形至菱状圆形。边缘具锐齿。圆锥花序塔形，分枝与花轴成钝角开展，花序中部以上分枝互生；花下垂；花萼无毛，裂片5，披针形；花冠蓝紫色，钟状，5浅裂；雄蕊5；花盘圆筒状，细长；子房下位，花柱与花冠近等长。花期7~9月，果期9~10月。

　　生于林下、灌丛中和草地中。见于萝芭地、金山。

石沙参 *Adenophora polyantha* Fisch.
桔梗科 Campanulaceae　沙参属

多年生草本。具白色乳汁。根茎胡萝卜状。基生叶早枯,心状肾形;茎生叶互生,卵形或卵状披针形至披针形,叶缘具锯齿;两面无毛或被短毛。花常偏于一侧;花萼裂片5,裂片为狭的三角状披针形;花冠钟状,深蓝色或浅蓝紫色,5浅裂,喉部稍收缢;雄蕊5;花盘筒状,常被细柔毛。蒴果,卵状椭圆形;种子卵状椭圆形,稍扁,具一条带翅的棱。花期7~9月,果期8~10月。

生于中低海拔阳坡开旷草地。见于鹫峰、萝芭地、寨尔峪。

多歧沙参 *Adenophora potaninii* subsp. *wawreana*(Zahlbr.) S. Y. Hong
桔梗科 Campanulaceae　沙参属

　　多年生草本。茎通常单支，常被倒生短硬毛或糙毛。基生叶心形；茎生叶具柄，叶片卵形，卵状披针形，边缘具多枚尖锯齿，上面稀疏地被粒状毛。花序为大圆锥花序，花序分枝长而多；花萼无毛，裂片狭小，边缘有 1~2 对瘤状小齿或狭长齿；花冠宽钟状，蓝紫色；花柱伸出花冠。蒴果宽椭圆状。花期 7~9 月。

　　生于海拔 2000 米以下的阴坡草丛或灌木林中。见于鹫峰、金山、寨尔峪、萝芭地。

荠苨 *Adenophora trachelioides* Maxim.
桔梗科 Campanulaceae　沙参属

多年生草本。具白色乳汁，稍成"之"字形弯曲，无毛。叶互生，具柄，叶片为心状卵形或三角状卵形，下部叶的基部为心形，叶缘具不整齐的牙齿，两面疏生短毛或近无毛；具长柄。圆锥花序，分枝近平展，无毛；花萼无毛，裂片5，长圆状披针形；花冠蓝色、蓝紫色或白色，钟状，5浅裂；雄蕊5，花丝下部变宽，密生白色柔毛；花盘圆筒状，花柱与花冠近等长。蒴果，卵状圆锥形；种子长圆形，稍扁，具一条棱。花期7~9月，果期9~10月。

生于山坡草地或林缘。见于鹫峰、金山、寨尔峪。

桔梗 *Platycodon grandiflorus* (Jacq.) A. DC.
桔梗科 Campanulaceae　桔梗属

　　多年生草本。具白色乳汁。根粗壮，长圆柱形，表皮黄褐色。茎直立，单一或分枝。叶 3 枚轮生，有时为对生或互生，叶为卵形或卵状披针形，叶缘具锯齿，下面被白粉。花 1 朵到数朵，生于茎和分枝顶端；花萼钟状，无毛；裂片 5，三角形；花冠蓝紫色，浅钟状，无毛。5 浅裂，宽三角形，先端尖，开展；雄蕊 5，与花冠裂片互生，花丝基部加宽；柱头 5 裂，裂片线性。蒴果，倒卵形，成熟时顶端 5 瓣裂。

　　生于阳处草丛、灌丛中。见于萝芭地、金山、寨尔峪。

苍耳 *Xanthium sibiricum* Patrin. ex Widd.

菊科 Asteraceae 苍耳属

　　一年生草本。茎粗壮，多分枝，叶三角状卵形或心形。头状花序单性同株，雄花序密集枝顶；雌花序生于叶腋，内层总苞片愈合成壶形硬体，密生钩刺及细毛。瘦果倒卵形，无冠毛。花期 7~8 月，果期 9~10 月。

　　常生长于平原、丘陵、低山、荒野路边、田边。见于鹫峰、树木园、寨尔峪。

苍术 *Atractylodes lancea*(Thunb.) DC.
菊科 Asteraceae　苍术属

　　多年生亚灌木状草本。茎圆而有纵棱。基部叶多 3 裂，中上部叶不裂，边缘具毛状刺齿。雌雄异株，头状花序单生枝顶，全为管状花，两性或雌性，花白色，总苞钟形，基部具羽状深裂的叶状苞片。瘦果圆柱形，冠毛羽毛状。花果期 6～10 月。
　　野生于山坡草地、林下、灌丛及岩缝隙中。见于鹫峰、金山、寨尔峪、萝芭地。

大丁草 *Leibnitzia anandria*（L.）Nakai
菊科 Asteraceae　大丁草属

多年生草本。叶基生莲座状，头状花序单生。植株两型：春型植株较矮小，叶羽状分裂呈提琴形，边缘有不规则的圆齿。花异形，外围一层紫红色的舌状花，雌性，中央是两性的管状花；秋型植株较高，叶倒披针形，头状花序较大，舌状花罕见，仅有管状花，为闭锁花。瘦果纺锤形，冠毛刺毛状。花期春、秋二季。

生于山顶、山谷丛林、荒坡、沟边或风化的岩石上。见于鹫峰、金山、寨尔峪、萝芭地。

东风菜 *Aster scaber* Moench

菊科 Asteraceae　紫菀属

　　多年生草本。叶互生，叶片心形，边缘有小尖头的齿，两面被微糙毛；中部以上的叶常有楔形具宽翅的叶柄。头状花序排成圆锥伞房状；总苞半球形，总苞片约 3 层，边缘宽膜质；舌状花 7 ~ 10 个，舌片白色；管状花黄色。瘦果椭圆形，无毛，冠毛污白色。花期 6 ~ 10 月，果期 8 ~ 10 月。

　　生于山谷坡地、草地及灌丛中。见于萝芭地。

飞廉 *Carduus nutans* L.
菊科 Asteraceae　飞廉属

　　二年生草本。茎直立，有纵沟棱，具有绿色纵向下延的翅，翅有齿刺。下部叶椭圆状披针形，羽状深裂，裂片边缘具刺，上面绿色，具微毛或无毛，下面初时有蛛丝状毛，后变无毛；上部叶渐小。头状花序，2~3个簇生枝顶；总苞钟状，多层；外层苞片较内层的逐渐变短；中层苞片线状披针形，先端长尖成刺状，向外反曲；内层苞片线形，膜质，稍带紫色；管状花红色，稀为白色，裂片线性。瘦果，长椭圆形；冠毛白色。花果期6~8月。

　　生于山谷、田边或草地。见于寨尔峪、萝芭地。

一年蓬 *Erigeron annuus*(L.)Pers.

菊科 Asteraceae　飞蓬属

　　一年生草本。茎粗壮，上部有分枝，被短硬毛；叶互生，矩圆状披针形，边缘有不规则锯齿或近全缘。头状花序多数，排列成圆锥状；舌状花2层，白色；管状花黄色。瘦果具冠毛。花期6～9月。

　　原产于北美洲，各区平原地区有逸生。见于鹫峰。

小蓬草 *Erigeron canadensis* L.
菊科 Asteraceae　飞蓬属

　　一年生草本。茎直立，具纵条棱，淡绿色，疏被硬毛，上部多分枝。叶互生，线状披针形，先端渐尖，边缘有长睫毛，无明显叶柄。头状花序，极多，在茎顶密集成长圆锥状或伞房式圆锥状，有短梗；总苞半球形，总苞片2～3层，线状披针形，边缘膜质，几无毛；舌状花直立，白色带紫，两性花筒状，5齿裂。瘦果，长圆形，冠毛污白色，刚毛状。花果期6～9月。

　　产于北美，归化植物。见于鹫峰、金山、寨尔峪、萝芭地。

风毛菊 *Saussurea japonica*(Thunb.)DC.
菊科 Asteraceae　风毛菊属

　　二年生草本。茎粗壮，有纵棱，被短柔毛和腺体。叶羽裂或全缘，叶柄常下延在茎上呈翼状。头状花序排成密集的伞房状，总苞筒状，总苞片6层，全为管状花，花紫红色。冠毛2层，内层羽毛状。花果期6～11月。

　　生于山坡、山谷、林下、山坡、路旁、山坡灌丛。见于寨尔峪、萝芭地。

狼把草 *Bidens tripartita* L.
菊科 Asteraceae　鬼针草属

　　一年生草本。叶对生，中部叶 3～5 深裂，侧裂片披针形，上部叶 3 裂或不裂。头状花序单生茎端及枝端，具较长的花序梗；总苞盘状，外层苞片 5～9 枚，条形或匙状倒披针形；小花黄色，全为管状两性花，冠檐 4 裂。瘦果扁平，顶端具 2 枚芒刺。花期 7～10 月。

　　生于路边荒野及水边湿地。见于寨尔峪。

黄花蒿 *Artemisia annua* L.
菊科 Asteraceae　蒿属

　　一年生草本。植株有极浓烈的香气。叶互生，基部及下部叶在花期枯萎，中部叶卵形，三回羽状深裂，小裂片矩圆形，开展，顶端尖，两面微被毛；上部叶更小。头状花序极多数，有短梗，排列成总状或圆锥状，常有条形苞叶；总苞球形；小花管状，淡黄色，外层雌性，内层两性。瘦果矩圆形，无毛。花果期 8～11 月。

　　遍及全国，生境适应性强，生于路旁、荒地、山坡、林缘等处。见于鹫峰、金山、寨尔峪、萝芭地。

艾 *Artemisia argyi* Levl. et Van.
菊科 Asteraceae　蒿属

　　多年生草本。植株有浓烈香气。下部叶宽卵形，羽状深裂，侧裂片 2～3 对，不裂或有少数牙齿，背面密被灰白色蛛丝状毛，中上部叶羽状浅裂至不裂。头状花序排列成圆锥状；总苞椭圆形，3～4 层，覆瓦状排列，密被灰白色毛，小花紫红色。瘦果长卵形或长圆形。花果期 7～10 月。见于鹫峰、寨尔峪、萝芭地。

茵陈蒿 *Artemisia capillaris* Thunb.
菊科 Asteraceae　　蒿属

　　多年生草本。基生叶、茎下部叶与营养枝叶两面均被棕黄色或灰黄色绢质柔毛，后期茎下部叶被毛脱落，叶卵圆形或卵状椭圆形，二至三回羽状全裂，小裂片狭线形；上部叶与苞片叶羽状 5 或 3 全裂。头状花序排成圆锥状；总苞片 3~4 层，外层总苞片草质，卵形，背面淡黄色，有绿色中肋。花果期 8~10 月。

　　生于低海拔地区湿润沙地、路旁及低山坡地区。见于鹫峰、金山、寨尔峪、萝芭地。

南牡蒿 *Artemisia eriopoda* Bge.
菊科 Asteraceae　蒿属

　　多年生草本。基生叶有长柄，羽状深裂或浅裂，裂片 5 ~ 7 个，有时不裂，边缘有粗锯齿；茎上部叶 3 裂或不裂。头状花序在枝端排成圆锥状；总苞卵形，无毛；小花管状，黄绿色。瘦果矩圆形。花果期 6 ~ 11 月。

　　生于林缘、路旁、草坡等地。见于鹫峰、金山、寨尔峪、萝芭地。

华北米蒿 *Artemisia giraldii* Pamp.

菊科 Asteraceae　蒿属

　　半灌木状草本。茎下部叶羽状5深裂，中上部叶指状3深裂，两面疏被灰白色毛。头状花序排成圆锥状，总苞片3~4层，外层略短小；花冠管状，檐部黄色或红色。瘦果倒卵形。花果期7~10月。

　　生于山坡、丘陵、路旁。见于萝芭地。

白莲蒿 *Artemisia sacrorum* Ledeb. ex Hook. f.
菊科 Asteraceae　蒿属

多年生草本或半灌木。叶二至三回羽状深裂，背面灰白色，密被柔毛。头状花序排成圆锥状，下垂；总苞球形，3~4层，小花管状。花果期8~10月。

除高寒地区外，几乎遍布全国。见于鹫峰、金山、寨尔峪、萝芭地。

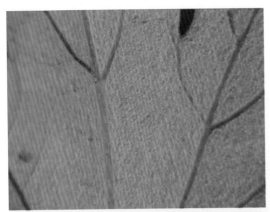

歧茎蒿 *Artemisia igniaria* Maxim.
菊科 Asteraceae　蒿属

　　多年生草本。叶片卵形，羽状深裂，裂片5~7，下面密被灰白色蛛丝状毛或毡毛。头状花序排成圆锥状，苞片椭圆形、披针形至线形；总苞片3~4层，被蛛丝状毛；花黄色，外层花雌性，内层花两性。瘦果长圆形。花果期7~9月。

　　常生于低海拔的山坡、林缘、灌丛与路旁等地。见于鹫峰、寨尔峪。

牡蒿 *Artemisia japonica* Thunberg

菊科 Asteraceae　蒿属

　　多年生草本。叶二回羽状分裂，下部叶匙形，上部有齿或浅裂。头状花序排成圆锥状；总苞片 3～4 层，外、中层总苞片卵形，背面无毛。瘦果小，倒卵形。花果期 8～11 月。

　　生于田边、河边沙地、山坡、路旁、灌草丛中，常见。见于赛尔峪、萝芭地。

野艾蒿 (矮蒿) *Artemisia lancea* Vaniot
菊科 Asteraceae　蒿属

　　多年生草本。植株有较浓的香气。茎、枝被灰白色蛛丝状短柔毛。叶互生，较厚，二回羽状全裂或深裂，下面密被灰白色绵毛。头状花序排成较密集的圆锥状，下垂；总苞椭圆形，密被灰白色蛛丝状柔毛；小花管状，上部紫红色。瘦果长卵形。花果期 8～10 月。
　　生于低海拔至中海拔地区的林缘、路旁、荒坡及疏林下。见于寨尔峪。

蒙古蒿 *Artemisia mongolica* Fisch.
菊科 Asteraceae　蒿属

多年生草本。叶互生，叶形变异极大，二回羽状全裂或深裂，上面近无毛，下面除中脉外被白色短绒毛。头状花序多数密集成狭长的圆锥状花序，直立；总苞矩圆形，总苞片3~4层；小花管状，黄绿色，上部带紫红色。瘦果矩圆状倒卵形。花果期8~10月。

中低海拔地区的山坡、灌丛、河湖岸边及路旁等。见于鹫峰、金山、寨尔峪、萝芭地。

猪毛蒿 *Artemisia scoparia* Wald. et kit.
菊科 Asteraceae 蒿属

　　一二年生草本。基生叶具柄，叶裂片线性，裂片毛发状。头状花序小，下垂，成密圆锥花丛；总苞球形；花托无托毛，边缘雌性结实。瘦果。花果期7～10月。
　　遍及全国，生于中低海拔地区的山坡、旷野、路旁等。见于寨尔峪。

大籽蒿 *Artemisia sieversiana* Willd.
菊科 Asteraceae　蒿属

　　二年至多年生草本。中下部叶有长柄，叶片轮廓宽卵形，二至三回羽状深裂。头状花序多数排成圆锥状，下垂，有短梗及条形苞叶；总苞半球形，总苞片4~5层；小花管状，黄色。瘦果无冠毛。花果期6~10月。

　　广布于温带或亚热带高山地区。见于鹫峰、金山、寨尔峪、萝芭地。

牛尾蒿 *Artemisia dubia* Wall. ex Bess.
菊科 Asteraceae 蒿属

多年生草本。叶卵形，羽状 5 深裂，背面绿色，无毛。头状花序排成圆锥状，花序梗
"之"字形弯曲；总苞片 3~4 层。瘦果小，倒卵形。花果期 8~10 月。
生于低海拔至海拔 3500 米地区的干山坡、草原、疏林下及林缘。见于萝芭地。

和尚菜 *Adenocaulon himalaicum* Edgew.
菊科 Asteraceae　和尚菜属

多年生草本。叶肾形,边缘有波状大牙齿,下面密被蛛丝状毛,叶柄有翼。头状花序排成圆锥状;总苞半球形,苞片 5 ~ 7 层,宽卵形;花白色。瘦果棍棒状,被头状具柄腺毛。花果期 6 ~ 11 月。

全国各地都有分布。见于萝芭地。

火绒草 *Leontopodium leontopodioides*(Willd.) Beauv.
菊科 Asteraceae　火绒草属

　　多年生草本。植株被灰白色绵毛。叶线形或线状披针形，无柄。头状花序 3 ~ 7 个密集，或排成伞房状，外有少数长圆形或线形的苞片；总苞半球形，被白色绵毛。瘦果长圆形，冠毛白色。花果期 7 ~ 10 月。
　　生于干旱草原、黄土坡地、石砾地、山区草地。见于金山、寨尔峪、萝芭地。

烟管蓟 *Cirsium pendulum* Fisch.
菊科 Asteraceae　蓟属

　　多年生草本。茎被蛛丝状毛；基生叶和茎下部叶椭圆形，长 12 ~ 28 厘米，宽 2 ~ 5 厘米，羽状深裂，边缘有刺；中部和上部叶渐小。头状花序单生于枝端，或近双生，下垂；总苞片外层顶端刺尖，外反；小花管状，紫色。瘦果冠毛污白色。花果期 6 ~ 9 月。
　　生于山谷、山坡草地、林缘、林下及溪旁。见于金山、萝芭地。

刺儿菜 *Cirsium setosum* (Willd.) Bied.
菊科 Asteraceae　蓟属

　　多年生草本。有地下根状茎；叶倒披针形，全缘或具缺刻状齿，边缘具细刺，上面绿色，近无毛，下面被毛，后脱落。头状花序生于枝端，单性，雌雄异株；总苞卵形，总苞片先端针刺状；花全为管状，紫色。瘦果倒卵形，无毛；冠毛白色。花果期 5~9 月。
　　生于山坡、河旁或荒地、田间。见于鹫峰、寨尔峪、萝芭地。

黑心菊 *Rudbeckia hybrida* Hort.

菊科 Asteraceae　金光菊属

一年或二年生草本。叶互生，矩圆形或匙形。头状花序；舌状花黄色，管状花暗褐色。花期 5 ~ 9 月。

原产于美国东部地区。见于鹫峰。

小红菊 *Chrysanthemum chanetii* H. Léveillé

菊科 Asteraceae　菊属

　　多年生草本。叶宽卵形或肾形，掌状或羽状浅裂至中裂，基部心形。头状花序数个在枝端排成伞房状；总苞碟形，总苞片边缘膜质；舌状花粉色、淡紫色或近白色，管状花黄色。瘦果无冠毛。花果期 7～10 月。

　　生于草原、山坡、林缘、灌丛及河滩与沟边。见于鹫峰、金山、寨尔峪、萝芭地。

甘菊 *Chrysanthemum lavandulifolium* (Fischer ex Trautvetter) Makino
菊科 Asteraceae　菊属

多年生草本。叶片卵形或长卵形，叶片二回羽状分裂，羽状半裂、浅裂或仅有浅锯齿。头状花序多数；总苞碟形苞片约 5 层；舌状花黄色，舌片椭圆形。花果期 5～11 月。
生于山坡、岩石上、河谷、河岸、荒地及黄土丘陵地。见于鹫峰、金山、寨尔峪、萝芭地。

百日菊 *Zinnia elegans* Jacq.

菊科 Asteraceae　百日菊属

　　一年生草本。叶对生，宽卵圆形或长圆状椭圆形，基部稍心形抱茎，心状卵形或椭圆形，全缘，基出三脉。头状花序大，花序梗不肥大，中空；托片有三角形流苏状附片；总苞钟状，总苞片边缘稍膜质；舌状花深红色。瘦果倒卵圆形，无芒。花期 6~9 月，果期 7~10 月。

　　原产于墨西哥，著名的观赏植物，在我国各地广泛栽培。见于鹫峰。

苦苣菜 *Sonchus oleraceus* L.

菊科 Asteraceae　苦苣菜属

　　一年生或二年生草本。基生叶条状披针形或倒披针形，不规则羽裂，茎生叶极少。头状花序排成伞房花序，总苞宽钟状，总苞片 3~4 层，覆瓦状排列；花全为舌状，白色或黄色。花果期 5~12 月。

　　生于山坡或山谷林缘、林下或平地田间。见于鹫峰。

抱茎小苦荬 *Ixeridium sonchifolium*（Maxim.）Shih
菊科 Asteraceae　小苦荬属

　　一年生草本。植株无毛，有乳汁。基生叶铺散，茎生叶较小，基部扩大成耳状或戟形且抱茎极深。头状花序小，排成伞房状，全部为舌状花，鲜黄色。瘦果黑色，具短喙，冠毛白色。花果期 3～5 月。
　　生于山坡或平原路旁、岩石上或庭院中。见于鹭峰、金山、寨尔峪、萝芭地。

苦菜(中华苦荬菜) *Ixeris chinensis* (Thunb. ex Thunb.) Nakai

菊科 Asteraceae　苦荬菜属

　　多年生草本。全株无毛。叶基生，莲座状，全缘或有羽状裂，无柄。头状花序多个排成伞房状，全为舌状花，黄色或白色，花药绿褐色。瘦果具短喙，冠毛白色。花果期 6 ~ 10 月。

　　生于山坡或平原路旁、岩石上或庭院中。见于鹫峰、金山、寨尔峪、萝芭地。

鳢肠(旱莲草,墨旱莲) *Eclipta prostrata*(L.) L.
菊科 Asteraceae　鳢肠属

　　一年生草本。茎直立或平卧，通常自基部分枝，被伏毛；叶对生，叶片披针形或条状披针形，两面被密硬糙毛。头状花序腋生或顶生；总苞片 5~6 枚，草质，被毛；舌状花条形，白色，舌片小，全缘或 2 裂；管状花两性，裂片 4，淡黄白色。瘦果具棱，无冠毛。花期 6~9 月。

　　产于全国各省区。见于鹫峰。

麻花头 *Serratula centauroides* L.
菊科 Asteraceae　麻花头属

多年生草本。具横走根状茎。茎直立，通常不分枝。叶互生，长椭圆形，羽状深裂，侧裂片 5~8 对，全缘或有少数锯齿。头状花序少数，单生枝端；总苞卵形，总苞片排列紧密；小花全为管状，粉紫色。瘦果楔状长椭圆形，冠毛褐色。花果期 6~9 月。

生于山坡、林缘、草原、草甸、路旁或田间。见于鹫峰、塞尔峪。

蚂蚱腿子 *Myripnois dioica* Bge.
菊科 Asteraceae　蚂蚱腿子属

　　小灌木。多分枝。也互生，全缘，宽披针形，三出脉。头状花序生于叶腋，雌花、两性花异株；总苞片密生腺体和卷毛；雌花花冠淡紫色，两性花花冠白色。瘦果，冠毛白色，糙毛状。花期 5 月。
　　生于山坡或林缘路旁。见于鹫峰、树木园、萝芭地、金山、寨尔峪。

猫儿菊 *Hypochaeris ciliata*(Thunb.) Makino
菊科 Asteraceae　猫儿菊属

　　多年生草本。基生叶簇生，匙状长圆形或长椭圆形；中部叶与上部叶长圆形，无柄，
边缘具尖齿，两面被硬毛。头状花序大，单生茎顶；总苞半球形，3～4 层，外层苞片边
缘紫红色，有睫毛；舌状花，花冠橘黄色，狭管部细长。瘦果，圆柱状，冠毛 1 层，黄褐
色。花果期 7～8 月。

　　生于山坡草地、林缘路旁或灌丛中。见于萝芭地。

毛连菜 *Picris japonica*(Thunb.) DC.

菊科 Asteraceae　毛连菜属

　　一二年生草本。全株有粗毛。茎直立，基部和下部叶为倒披针形，上部通常为线状披针形。头状花序黄色，两性，全部为舌状花，在枝顶排列成伞形或伞房状。瘦果顶端有短喙，冠毛羽毛状。果期 6 ~ 10 月。

　　生于山坡草地、林缘林下、灌丛中。见于萝芭地、寨尔峪。

泥胡菜 *Hemistepta lyrata* Bge.
菊科 Asteraceae　泥胡菜属

　　二年生草本。基生叶莲座状，提琴状羽状分裂，上面绿色，下面密生白色蛛丝状毛，中上部叶渐小。头状花序多数，外层总苞背面有鸡冠状突起，花冠管状，紫红色。瘦果，冠毛白色，内层羽毛状。花果期3~8月。

　　分布于除新疆、西藏外全国各地。见于鹫峰、金山、寨尔峪。

牛蒡[*] *Arctium lappa* L.
菊科 Asteraceae　牛蒡属

　　二年生草本。根肉质。茎粗壮，带紫色，有微毛，上部多分枝；基生部叶丛生；茎生叶互生，宽卵形或心形，上面绿色，无毛，下面密被灰白色绒毛，全缘。头状花序在茎枝顶端排成疏松的伞房花序或圆锥状伞房花序；总苞片多层，多数，三角状或披针状钻形全部苞近等长，顶端有软骨质钩刺；小花紫红色。花果期6~9月。

　　全国各地普遍分布。生于山坡、草地。见于鹫峰、寨尔峪。

牛膝菊 *Galinsoga parviflora* Car.
菊科 Asteraceae　牛膝菊属

　　一年生草本。叶对生，卵形，边缘具浅或钝锯齿。头状花序排成疏松的伞房花序；舌状花5个，白色，顶端3齿裂；管状花黄色。瘦果具3棱或中央的瘦果4~5棱，黑色，常压扁，被白色微毛。花果期7~10月。
　　原产于南美洲，各区平原和低山区有逸生。见于鹫峰、寨尔峪、萝芭地。

福王草 *Prenanthes tatarinowii* Maxim.
菊科 Asteraceae　福王草属

　　多年生草本。叶缘波状或有细锯齿，顶端圆钝，基部心形，有柄，上部叶渐小。头状花序丛生或排成伞房状，有梗；总苞球形；总苞片披针形，顶端钩状内弯，可依附于动物身上传播；花全部为管状，淡紫色，顶端5齿裂，裂片狭。瘦果椭圆形或倒卵形，灰黑色；冠毛短刚毛状。花果期8～10月。
　　生于山谷、山坡、林缘、林下、草地或水旁潮湿地。见于萝芭地。

蒲公英 *Taraxacum mongolicum* Hand. – Mazz.
菊科 Asteraceae　蒲公英属

　　多年生草本。根圆柱状，粗壮，全株有乳汁。叶全基生，长圆披针形。每株有花莛数根，与叶等长或稍长；头状花序全是舌状花，黄色。瘦果倒卵状披针形，顶端具细长的喙，冠毛毛状。花期4~9月，果期5~10月。
　　广泛生于中低海拔地区的山坡草地、路边、田野、河滩。见于鹫峰、金山、塞尔峪、萝芭地。

祁州漏芦 *Stemmacantha uniflora* (L.) Dittrich
菊科 Asteraceae　漏芦属

　　多年生草本。茎直立不分枝，有绵毛。基生叶和茎下部叶羽状深裂，边缘有不规则齿。头状花序单生茎顶，较大，总苞宽钟形，苞片多层，棕色，有干膜质附片，管状花淡紫色。瘦果，冠毛淡褐色。花果期4~9月。

　　生于山坡丘陵地、松林下。见于鹫峰、金山、寨尔峪、萝芭地。

狗舌草 *Tephroseris kirilowii*(Turcz. ex DC.) Holub
菊科 Asteraceae　狗舌草属

　　多年生草本。基部叶丛生成莲座状，两面多少有白色绵毛，茎生叶无柄，基部抱茎。头状花序在排成伞房状或假伞形，缘花1层，舌状，雌性，盘花多层，管状，两性。瘦果有多数纤细的白色冠毛。花期2~8月。
　　常生于草地山坡或山顶阳处。见于鹫峰、金山、寨尔峪、萝芭地。

秋英 (大波斯菊) *Cosmos bipinnatus* Car.
菊科 Asteraceae　秋英属

　　一年生草本。叶对生，二回羽状深裂，叶裂片线形至丝状，全缘。头状花序，单生，总苞片 2 层；外总苞片披针形或线状披针形，近革质，淡绿色，具深紫色条纹；舌状花 8，红色、粉红色或白色；管状花黄色；花柱具短突尖的附器。瘦果，黑紫色。花期 6 ~ 8 月，果期 8 ~ 9 月。

　　原产于墨西哥，我国各地多有栽培。见于鹫峰。

山莴苣 *Lagedium sibiricum* (L.) Sojak
菊科 Asteraceae　山莴苣属

　　多年生草本。叶互生，叶片披针形或长披针形，边缘全缘或仅具少数缺刻状齿。头状花序排成圆锥状；小花管状，蓝色。瘦果椭圆形，褐色，冠毛白色。花果期 4 ~ 11 月。

　　生于林缘、林下、草甸、河岸、湖地水湿地。见于鹫峰、金山、寨尔峪、萝芭地。

高山蓍 *Achillea alpina* L.
菊科 Asteraceae　蓍属

　　多年生草本。叶无柄，下部叶花期凋落，中部叶条状披针形，羽状中裂，基部裂片抱茎，裂片条形，有不等的锯齿状齿或浅裂。头状花序多数，密集成伞房状；总苞半卵状，总苞片3层，边缘膜质；舌状花6~8个，舌片白色，卵形，顶端有3个小齿；管状花淡黄白色。瘦果宽倒披针形。花果期7~10月。

　　常见于山坡草地、灌丛间、林缘。见于金山、萝芭地。

兔儿伞 *Syneilesis aconitifolia*(Bge.) Maxim.
菊科 Asteraceae　兔儿伞属

　　多年生草本。根状茎匍匐；基生叶 1，花期枯萎；茎生叶 2，互生，叶片圆盾形，掌状深裂，裂片 7 ~ 9，再作二至三回叉状分裂，边缘有不规则的锐齿，无毛，下部叶有柄，幼叶裂片下垂似伞。头状花序多数，在顶端密集成复伞房状；总苞圆筒状；总苞片 1 层，矩圆状披针形，无毛；花序含数个管状花，淡红色。瘦果圆柱形，长 5 ~ 6 毫米，有纵条纹；冠毛灰白色或淡红褐色。花期 6 ~ 7 月，果期 8 ~ 10 月。

　　生于山坡、林缘、山脊灌草丛中。见于萝芭地、金山、寨尔峪。

万寿菊 *Tagetes erecta* L.
菊科 Asteraceae　万寿菊属

　　一年生草本。茎直立，粗壮，具纵细条棱，分枝向上平展。叶羽状分裂，裂片长椭圆形或披针形，边缘具锐锯齿；沿叶缘有少数腺体。头状花序单生；总苞杯状，顶端具齿尖；舌状花黄色或暗橙色；舌片倒卵形，基部收缩成长爪，顶端微弯缺；管状花，花冠黄色，顶端具5齿裂。瘦果线形，黑色或褐色，被短微毛。花期7~9月。
　　原产于墨西哥，我国各地均有栽培。见于鹫峰。

孔雀草 *Tagetes patula* L.
菊科 Asteraceae　万寿菊属

　　一年生草本。茎直立，通常近基部分枝。叶羽状分裂，裂片线状披针形，边缘有锯齿，齿端常有长细芒，齿的基部通常有1个腺体。头状花序单生，花序顶端稍增粗；总苞长椭圆形，上端具锐齿，有腺点；舌状花金黄色或橙色，带有红色斑；舌片近圆形，顶端微凹；管状花，花冠黄色，与冠毛等长，具5齿裂。瘦果线形。花期7~9月。

　　原产于墨西哥，我国各地广泛栽培。见于鹫峰、萝芭地。

腺梗豨莶（豨莶）*Siegesbeckia pubescens* Makino
菊科 Asteraceae　豨莶属

一年生草本。叶对生，基部宽楔形，下延成有翅的叶柄，边缘有粗齿，基础 3 脉。头状花序，花序梗和总苞片密生褐色头状有柄的腺毛，舌状花和管状花均黄色。瘦果倒卵形，无冠毛。花期 5 ~ 8 月，果期 6 ~ 10 月。

生于山坡、山谷林缘、灌丛林下的草坪中。见于金山、萝芭地。

华北鸦葱 *Scorzonera albicaulis* Bge.
菊科 Asteraceae　鸦葱属

多年生草本。茎直立，中空。基生叶与茎生叶同形，线形或线状长椭圆形，茎生叶较短，条形，抱茎。头状花序在枝端排成伞房状；花全为舌状，黄色或淡黄色。瘦果圆柱形，冠毛污黄色，羽状。花果期5~9月。

生于山谷或山坡杂木林下或林缘、灌丛中。见于金山、寨尔峪。

桃叶鸦葱 (皱叶鸦葱) *Scorzonera sinensis* Lipsch. et Krasch.
菊科 Asteraceae　鸦葱属

　　多年生草本。具乳汁，根茎粗壮，基部具纤维状根衣，茎常单生。叶全缘，边缘深皱状弯曲。头状花序单生茎顶，总苞筒形，全部总苞片外面光滑无毛，花全为舌状花，黄色，外面玫瑰色。瘦果圆柱形，冠毛羽毛状，污白色。花果期5~8月。
　　生于碎石山坡、戈壁滩、干草原。见于鹫峰、萝芭地、金山、寨尔峪。

林泽兰 *Eupatorium Lindleyanum* De.
菊科 Asteraceae　泽兰属

　　多年生草本。叶对生，几无叶柄，披针形至卵状披针形，边缘有疏锯齿。头状花序多数在茎顶组成伞房状，总苞钟形，淡绿色，花筒状，淡紫或白色。瘦果黑色，椭圆状，5棱，散生黄色腺点，冠毛白色。花果期 5～12 月。
　　生于山谷阴处水湿地、林下湿地或草原上。见于金山、寨尔峪。

三脉紫菀 *Aster ageratoides* Turcz.
菊科 Asteraceae　紫菀属

　　多年生草本。叶互生，叶形变化极大，宽卵形、椭圆形或矩圆状披针形，顶端渐尖，基部楔形，离基三出脉，边缘有 3～7 对粗锯齿，两面有短柔毛或近无毛。头状花序在枝端排列成圆锥伞房状；总苞片 3 层；舌状花粉紫色或白色；管状花黄色。瘦果倒卵状长圆形，灰褐色，冠毛污白色。花果期 7～12 月。

　　生于林下、林缘、灌丛及山谷湿地。见于鹫峰、金山、寨尔峪、萝芭地。

紫菀 *Aster tataricus* L. f.
菊科 Asteraceae　紫菀属

　　多年生高大草本。基生叶椭圆状匙形，边缘有尖锯齿，下半部渐狭成长柄，茎生叶匙状矩圆形，较小。头状花序多数，在茎和枝端排列成复伞房状；舌状花紫色。瘦果倒卵状长圆形，紫褐色，两面各有 1 或少有 3 脉，冠毛污白色或带红色。花期 7 ~ 9 月，果期 8 ~ 10 月。

　　生于低山阴坡湿地、山顶和低山草地及沼泽地。见于鹫峰、寨尔峪、萝芭地。

香荚蒾* *Viburnum farreri* W. T. Stearn.
五福花科 Adoxaceae　荚蒾属

落叶灌木。当年小枝绿色，近无毛，二年生小枝红褐色，后变灰褐色或灰白色。冬芽椭圆形，顶尖，有 2~3 对鳞片。叶纸质，椭圆形或菱状倒卵形，顶端锐尖，基部楔形至宽楔形，边缘基部除外具三角形锯齿。圆锥花序生于能生幼叶的短枝之顶；花冠蕾时粉红色，开后变白色，高脚碟状。果实紫红色，矩圆形。花期 4~5 月。

生于山谷林中。花于早春开放，为北方园林绿化中的佳品。见于树木园。

蒙古荚蒾 * *Viburnum mongolicum* Rehd.
五福花科 Adoxaceae　荚蒾属

落叶灌木。幼枝、叶下面、叶柄和花序均被簇状短毛，二年生小枝黄白色，浑圆，无毛。叶纸质，宽卵形至椭圆形，稀近圆形，顶端尖或钝形，基部圆或楔圆形，边缘有波状浅齿。聚伞花序具少数花；花冠淡黄白色，筒状钟形，无毛；雄蕊约与花冠等长，花药矩圆形。果实红色而后变黑色，椭圆形。花期5月，果期9月。

生于山坡疏林下或河滩地。见于树木园、萝芭地。

鸡树条荚蒾[*] *Viburnum opulus* var. *sargentii*(Koehne)Takeda

五福花科 Adoxaceae　荚蒾属

　　落叶灌木。冬芽卵圆形柄，有 1 对合生的外鳞片。小枝、叶柄和总花梗均无毛。叶轮廓圆卵形，通常 3 裂具掌状 3 出脉。复伞形式聚伞花序，大多周围有大型的不孕花；萼筒倒圆锥形，萼齿三角形；花冠白色，辐状；雄蕊长至少为花冠的 1.5 倍，花药紫红色；不孕花白色，裂片宽倒卵形，顶圆形，不等形。果实红色，近圆。花期 5 ~ 6 月，果期 9 ~ 10 月。

　　生于溪谷边疏林下或灌丛中。见于树木园。

接骨木 * *Sambucus williamsii* Hance.
五福花科 Adoxaceae　接骨木属

　　落叶灌木或小乔木。老枝淡红褐色，具明显的长椭圆形皮孔，髓部淡褐色。羽状复叶有小叶 2~3 对，侧生小叶片边缘具不整齐锯齿，叶搓揉后有臭气；托叶狭带形，或退化成带蓝色的突起。花与叶同出，圆锥形聚伞花序顶生，具总花梗；花小而密；萼筒杯状；花冠蕾时带粉红色，开后白色或淡黄色。果实红色，卵圆形或近圆形。花期一般为 4~5月，果期 9~10 月。

　　生于中海拔的山坡、灌丛、沟边、路旁、宅边等地。见于鹫峰、树木园、萝芭地。

海仙花[*] *Weigela coraeensis* Thunb.

忍冬科 Caprifoliaceae　锦带花属

落叶灌木。幼枝稍四方形；树皮灰色。叶矩圆形、椭圆形至倒卵状椭圆形，边缘有锯齿。花单生或成聚伞花序生于侧生短枝的叶腋或枝顶；花冠，初时白色，后变玫瑰红色，花萼 5 裂至基部。蒴果圆柱形。花期 4～6 月。

原产于朝鲜半岛，各地多有引种。见于树木园（引栽）。

红王子锦带 * *Weigela florida* ‘ Red Prince ’
忍冬科 Caprifoliaceae　锦带花属

落叶灌木。幼枝稍四方形；树皮灰色。芽顶端尖，具 3~4 对鳞片，常光滑。叶矩圆形、椭圆形至倒卵状椭圆形，顶端渐尖，基部阔楔形至圆形，边缘有锯齿。花单生或成聚伞花序生于侧生短枝的叶腋或枝顶；萼筒长圆柱形，疏被柔毛；花冠紫红色或玫瑰红色。果实顶有短柄状喙，疏生柔毛；种子无翅。花期 4~6 月。

生于杂木林下或山顶灌木丛中。见于树木园（引栽）。

六道木 *Abelia biflora* Turcz.
忍冬科 Caprifoliaceae 六道木属

　　落叶灌木。幼枝被倒生硬毛，老枝无毛。叶矩圆形至矩圆状披针形，顶端尖至渐尖，基部钝至渐狭成楔形。花单生于小枝上叶腋，花冠白色、淡黄色或带浅红色，狭漏斗形或高脚碟形；雄蕊4枚，二强，着生于花冠筒中部，内藏，柱头头状。果实具硬毛；种子圆柱形。早春开花，8~9月结果。

　　生于中海拔的山坡灌丛、林下及沟边。见于树木园、萝芭地、金山、寨尔峪。

糯米条* *Abelia chinensis* R. Br.
忍冬科 Caprifoliaceae 六道木

　　落叶多分枝灌木。嫩枝纤细，红褐色，被短柔毛，老枝树皮纵裂。叶有时 3 枚轮生，圆卵形至椭圆状卵形，顶端急尖或长渐尖，基部圆或心形。聚伞花序生于小枝上部叶腋，由多数花序集合成一圆锥状花簇，总花梗被短柔毛，果期光滑；花芳香，具 3 对小苞片；花冠白色至红色，漏斗状。果实具宿存而略增大的萼裂片。

　　山地常见。为优美的观赏植物，庭园中常栽培。见于树木园。

刚毛忍冬 *Lonicera hispida* Pall. ex Roem. et Schult.
忍冬科 Caprifoliaceae　忍冬属

　　落叶灌木。幼枝常带紫红色，老枝灰色或灰褐色。冬芽有 1 对具纵槽的外鳞片；叶厚纸质。苞片宽卵形，有时带紫红色；花冠白色或淡黄色，漏斗状；雄蕊与花冠等长；花柱伸出，至少下半部有糙毛。果实先黄色后变红色，卵圆形至长圆筒形；种子淡褐色，矩圆形，稍扁。花期 5~6 月，果期 7~9 月。

　　生于山坡林中、林缘灌丛中或高山草地上。见于萝芭地。

忍冬（金银花）*Lonicera japonica* Thunb.
忍冬科 Caprifoliaceae　忍冬属

半常绿藤本。幼枝洁红褐色，密被黄褐色、开展的硬直糙毛、腺毛和短柔毛，下部常无毛。叶纸质，卵形至矩圆状卵形。总花梗通常单生于小枝上部叶腋，与叶柄等长或稍较短；花冠白色；雄蕊和花柱均高出花冠。果实圆形，熟时蓝黑色，有光泽；种子卵圆形或椭圆形，褐色。花期4~6月（秋季亦常开花），果期10~11月。

生于山坡灌丛或疏林中、乱石堆、山脚路旁及村庄篱笆边。也常栽培。见于树木园。

金银木[*] *Lonicera maackii* Maxim.
忍冬科 Caprifoliaceae　忍冬属

　　落叶灌木。叶纸质，形状变化较大，通常卵状椭圆形至卵状披针形，顶端渐尖或长渐尖，基部宽楔形至圆形。花芳香，生于幼枝叶腋；苞片条形；花冠先白色后变黄色，唇形，内被柔毛。果实暗红色，圆形；种子具蜂窝状微小浅凹点。花期 5 ~ 6 月，果期 8 ~ 10 月。

　　生于林中或林缘溪流附近的灌木丛中。见于鹫峰、树木园。

北京忍冬* *Lonicera pekinensis* Rehd.
忍冬科 Caprifoliaceae　忍冬属

　　落叶灌木。冬芽近卵圆形，有数对亮褐色、圆卵形外鳞片；叶纸质，卵状椭圆形至卵状披针形或椭圆状矩圆形，顶端尖或渐尖；两面被短硬伏毛，花与叶同时开放。花冠白色或带粉红色，长漏斗状。果实红色，椭圆形；种子淡黄褐色，稍扁，矩圆形或卵圆形。花期4~5月，果期5~6月。

　　生于沟谷，或山坡丛林，或灌丛中。见于树木园。

异叶败酱 *Patrinia heterophylla* Bunge
忍冬科 Caprifoliaceae　败酱属

　　多年生草本。根状茎横走；茎直立，被倒生微糙伏毛。基生叶丛生基本不裂；茎生叶羽状深裂，中央裂片最大。花黄色，组成伞房状聚伞花序；花冠钟形，基部一侧具浅囊肿；雄蕊4枚，花丝2长2短。瘦果长圆形，具棱；翅状果苞倒卵形。花期7~9月，果期8~10月。

　　生于山地岩缝中、草丛中、沙质坡或土坡上。见于萝芭地、金山、寨尔峪。

黄花龙牙 *Patrinia scabiosifolia* Link
忍冬科 Caprifoliaceae　败酱属

　　多年生草本。植株根部有特殊气味。基生叶卵形，有长柄，花时枯萎；茎生叶对生，羽状深裂或全裂，裂片2~3对。聚伞圆锥花序生于枝端；花冠黄色，5裂；雄蕊4枚。瘦果长圆形，具棱，无膜质增大的翅状果苞。花期7~9月。

　　生于山坡或沟谷林缘、林下、亚高山草甸。见于鹫峰、寨尔峪。

糙叶败酱 *Patrinia scabra* Bunge

忍冬科 Caprifoliaceae　败酱属

　　多年生草本。基生叶开花时常枯萎脱落。叶片羽状浅裂至深裂，裂片条形，先端圆钝。花密生，顶生伞房状聚伞花序；花冠黄色。果苞长圆形，顶端有时浅 3 裂，网脉常具 3 条主脉。花期 7~9 月，果期 8~9 月。

　　产于我国华北、东北中低海拔地区。生于向阳山坡灌草丛中。见于鹫峰、萝芭地、金山、寨尔峪。

　　相似种：黄花龙牙植株高大，果无翅状果苞，仅有棱，其余二者有翅状果苞；黄花龙牙叶裂片较窄，异叶败酱叶裂片宽大，糙叶败酱叶较小，裂片窄且先端圆钝。

缬草 *Valeriana officinalis* L.
忍冬科 Caprifoliaceae　缬草属

　　多年生草本。根状茎粗短，有浓香；茎中空，有纵棱，被粗白毛。叶对生，羽状深裂，裂片 2～9 对，中央与两侧裂片近同形，常与其后的侧裂片合生成 3 裂状，裂片披针形，全缘或有疏锯齿，多少被毛。顶生聚伞圆锥花序；筒状花冠淡紫红色，上部 5 裂；雄蕊 3 枚；子房下位。瘦果卵形，顶端宿萼多条，羽毛状。

　　广布于我国东北至西南中高海拔地区。生于中高海拔沟谷林缘、亚高山草甸。见于萝芭地。

华北蓝盆花 *Scabiosa tschiliensis* Grüning

忍冬科 Caprifoliaceae　蓝盆花属

　　多年生草本。基生叶簇生，茎生叶对生，羽状深裂至全裂，侧裂片披针形，顶裂片卵状披针形。头状花序在茎上部成三出聚伞状，花时扁球形；总苞苞片披针形；萼5裂，刚毛状；花冠蓝紫色；边花花冠二唇形，中央花筒状；雄蕊4枚，伸出花冠筒外。瘦果椭圆形。

　　分布于我国北方中低海拔地区。生于山坡草地。见于鹫峰、萝芭地、金山、寨尔峪。

日本续断 *Dipsacus japonicus* Miq.
忍冬科 Caprifoliaceae 川续断属

　　多年生草本。主根长圆锥状，黄褐色。茎中空，具 4~6 棱，棱上具钩刺。基生叶具长柄，叶片长椭圆形，3 裂或不裂；茎生叶对生，叶片椭圆状卵形，顶端裂片最大，边缘具粗齿或近全缘，叶柄和背脉具疏的钩刺。头状花序顶生；总苞片条形，具刺毛；小苞片顶端具长喙尖；花萼盘状，4 裂；花冠淡粉色；雄蕊 4 枚，稍伸出花冠外；子房下位，包于囊状小总苞内。瘦果长圆楔形。

　　广布于我国各省。生于山坡、林缘、沟谷水边。见于金山。

常春藤*Hedera nepalensis* var. *sinensis* (Tobl.) Rehd.

五加科 Araliaceae　常春藤属

常绿攀援灌木。茎灰棕色或黑棕色，有气生根。叶片革质，在不育枝上通常为三角状卵形或三角状长圆形，先端短渐尖，基部截形，边缘全缘或3裂，叶柄细长，有鳞片，无托叶。伞形花序单个顶生，或2~7个总状排列或伞房状排列成圆锥花序；花淡黄白色或淡绿白色，芳香；萼密生棕色鳞片；花瓣5；雄蕊5，花药紫色。果实球形，红色或黄色。花期9~11月，果期次年3~5月。

常攀援于林缘树木、林下路旁、岩石和房屋墙壁上，庭园中也常栽培。见于树木园。

刺楸[*] *Kalopanax septemlobus*（Thunb.）Koidz.
五加科 Araliaceae　刺楸属

　　落叶乔木。树皮暗灰棕色；小枝淡黄棕色或灰棕色，散生粗刺；刺基部宽阔扁平，叶片纸质，在长枝上互生，在短枝上簇生，圆形或近圆形，掌状 5～7浅裂，边缘有细锯齿，放射状主脉 5～7 条，两面均明显；叶柄细长。圆锥花序大；花白色或淡绿黄色；花瓣 5。果实球形，蓝黑色。花期 7～10 月，果期 9～12 月。

　　多生于阳性森林、灌木林中和林缘。见于树木园（引栽）。

楤木 *Aralia chinensis* L.
五加科 Araliaceae　楤木属

　　灌木或乔木。树皮灰色，疏生粗壮直刺。叶为二回或三回羽状复叶，叶柄粗壮；羽片有小叶 5~11，小叶片纸质至薄革质，卵形，先端渐尖或短渐尖，基部圆形，上面粗糙，疏生糙毛。圆锥花序大，有花多数；花白色，芳香；雄蕊 5。果实球形，黑色。花期 7~9月，果期 9~12月。

　　生于森林、灌丛或林缘路边。见于树木园。

鹅掌柴 * *Schefflera octophylla* (Lour.) Harms
五加科 Araliaceae　鹅掌柴属

　　乔木或灌木。小枝粗壮，干时有皱纹，幼时密生星状短柔毛，不久毛渐脱稀。叶有小叶 6～9，小叶片纸质至革质，椭圆形，先端急尖或短渐尖，基部渐狭，楔形或钝形，边缘全缘。圆锥花序顶生；花白色；花瓣 5～6。果实球形，黑色。花期 11～12 月，果期 12 月。

　　常绿阔叶林常见的植物，有时也生于阳坡上。见于树木园。

刺五加 *Acanthopanax senticosus*(Rupr. et Maxim.) Harms.
五加科 Araliaceae 五加属

　　灌木。分枝多，一二年生的通常密生刺；刺直而细长，针状，下向，基部不膨大，脱落后遗留圆形刺痕，叶有小叶 5；叶柄常疏生细刺，小叶片纸质，椭圆状倒卵形或长圆形，先端渐尖，基部阔楔形，上面粗糙，深绿色，脉上有粗毛，边缘有锐利重锯齿。伞形花序单个顶生，或 2~6 个组成稀疏的圆锥花序；花紫黄色；花瓣 5，卵形。果实球形或卵球形，有 5 棱，黑色。花期 6~7 月，果期 8~10 月。

　　生于森林或灌丛中。见于树木园。

变豆菜（山芹菜）*Sanicula chinensis* Bge.

伞形科 Umbelliferae　变豆菜属

多年生草本。根茎粗而短，斜生或近直立，茎粗壮或细弱，直立，无毛，有纵沟纹，下部不分枝，上部重覆叉式分枝。伞形花序有花 6～10；花瓣白色或绿白色；花丝与萼齿等长或稍长；果实的横剖面近圆形，胚乳的腹面略凹陷。花果期 4～10 月。

生长在阴湿的山坡、路旁、杂木林下、竹园边、溪边等草丛中。见于金山、寨尔峪。

北柴胡 *Bupleurum chinense* DC.
伞形科 Umbelliferae　柴胡属

　　多年生草本。主根较粗大，棕褐色，质坚硬。茎单一或数茎，表面有细纵槽纹，实心，上部多回分枝，微作之字形曲折。复伞形花序很多，花序梗细，常水平伸出，形成疏松的圆锥状；花瓣鲜黄色，上部向内折，中肋隆起。果广椭圆形，棕色，两侧略扁。花期9月，果期10月。
　　生长于向阳山坡路边、岸旁或草丛中。见于鹫峰、萝芭地、寨尔峪。

红柴胡 *Bupleurum scorzonerifolium* Willd.
伞形科 Umbelliferae　柴胡属

　　多年生草本。主根发达，圆锥形，深红棕色。茎单一或 2~3，细圆，有细纵槽纹，茎上部有多回分枝，略呈"之"字形弯曲，并成圆锥状。叶细线形，叶缘白色，骨质。伞形花序自叶腋间抽出，花序多，形成较疏松的圆锥花序；花瓣黄色，舌片几与花瓣的对半等长，顶端 2 浅裂。果广椭圆形，深褐色，棱浅褐色。花期 7~8 月，果期 8~9 月。
　　生于干燥的草原及向阳山坡上，灌木林边缘。见于金山、寨尔峪。

防风 *Saposhnikovia divaricata*（Turcz.）Schischk.
伞形科 Umbelliferae　防风属

　　多年生草本。根粗壮，细长圆柱形，分歧，淡黄棕色。茎单生，自基部分枝较多，斜上升，与主茎近于等长，有细棱，基生叶丛生，有扁长的叶柄，基部有宽叶鞘。茎生叶与基生叶相似，但较小，顶生叶简化，有宽叶鞘。复伞形花序多数，生于茎和分枝；花瓣倒卵形，白色。双悬果狭圆形或椭圆形，幼时有疣状突起，成熟时渐平滑。花期 8～9 月，果期 9～10 月。

　　生长于草原、丘陵、多砾石山坡。见于鹫峰、萝芭地、金山、寨尔峪。

辽藁本 *Ligusticum jeholense* (Nakai et Kitag.) Nakai et Kitag.

伞形科 Umbelliferae　藁本属

　　多年生草本。根圆锥形，分叉，表面深褐色。根茎较短。茎直立，圆柱形，中空，具纵条纹，常带紫色，上部分枝。复伞形花序顶生或侧生；花瓣白色，长圆状倒卵形，具内折小舌片；花柱基隆起，半球形，花柱长，果期向下反曲。分生果背腹扁压，椭圆形。花期 8 月，果期 9～10 月。

　　生于林下、草甸及沟边等阴湿处。见于萝芭地。

胡萝卜 *Daucus carota* L. var. sativa Hoffm.

伞形科 Umbelliferae　胡萝卜属

　　二年生草本。茎单生，全体有白色粗硬毛。基生叶薄膜质，长圆形，二至三回羽状全裂，末回裂片线形或披针形，顶端尖锐，有小尖头。复伞形花序；花通常白色，有时带淡红色。果实圆卵形，棱上有白色刺毛。花期 5 ~ 7 月。见于萝芭地。

茴香 *Foeniculum vulgare* Mill.
伞形科 Umbelliferae　茴香属

　　草本。茎直立，光滑，灰绿色或苍白色，多分枝；叶片轮廓为阔三角形。复伞形花序顶生与侧生；花瓣黄色，倒卵形或近倒卵圆形，先端有内折的小舌片，中脉1条；花丝略长于花瓣，花药卵圆形，淡黄色。果实长圆形。花期5~6月，果期7~9月。
　　我国各省区都有栽培。见于萝芭地。

石防风 *Peucedanum terebinthaceum*(Fisch.) Fisch. ex Turcz

伞形科 Umbelliferae　前胡属

多年生草本。根长圆锥形，直生，老株常多根，坚硬，木质化，表皮灰褐色。通常为单茎，直立，圆柱形，具纵条纹，稍突起，下部光滑无毛，上部有时有极短柔毛，从基部开始分枝；茎生叶与基生叶同形，但较小，无叶柄，仅有宽阔叶鞘抱茎，边缘膜质。复伞形花序多分枝；花瓣白色，具淡黄色中脉，倒心形。分生果椭圆形或卵状椭圆形，背部扁压。花期7~9月，果期9~10月。

生长于山坡草地、林下及林缘。见于萝芭地。

大齿山芹 *Ostericum grosseserratum*(Maxim.) Kitag.
伞形科 Umbelliferae　山芹属

　　多年草本。根细长，圆锥状或纺锤形，单一或稍有分枝。茎直立，圆管状，有浅纵沟纹，上部开展，叉状分枝。复伞形花序，花白色；萼齿三角状卵形，锐尖，宿存；花瓣倒卵形，顶端内折；花柱基圆垫状，花柱短，叉开。分生果广椭圆形。花期 7 ~ 9 月，果期 8 ~ 10 月。

　　生长于山坡草地、溪沟旁、林缘灌丛中。见于萝芭地。

山芹 *Ostericum sieboldii*(Miq.) Nakai.
伞形科 Umbelliferae　山芹属

　　多年生草本。主根粗短，黄褐色至棕褐色。茎直立，中空，有较深的沟纹，光滑或基部稍有短柔毛，上部分枝，开展。基生叶及上部叶均为二至三回三出式羽状分裂；叶片轮廓为三角形。复伞形花序；花瓣白色，长圆形，基部渐狭。果实长圆形至卵形，成熟时金黄色，透明，有光泽。花期8~9月，果期9~10月。

　　生长于海拔较高的山坡草地、山谷、林缘和林下。见于萝芭地。

水芹 *Oenanthe javanica*(Bl.) DC.
伞形科 Umbelliferae　水芹菜属

　　多年生草本。茎直立或基部匍匐。基生叶有柄，基部有叶鞘；叶片轮廓三角形，1～2回羽状分裂，末回裂片卵形至菱状披针形，边缘有牙齿或圆齿状锯齿；茎上部叶无柄，裂片和基生叶的裂片相似，较小。复伞形花序顶生；花瓣白色，倒卵形。果实近于四角状椭圆形或筒状长圆形。花期6～7月，果期8～9月。

　　多生于浅水低洼地方或池沼、水沟旁。见于金山。

中文索引

中文索引

拉丁文索引